仿生微织构在机械工程领域中的应用与研究

崔有正　王凤娟　著

U0222507

哈尔滨工业大学出版社

内容简介

本书内容设置有助于提高学生独立进行科学研究的科研思维与研究方法的培养,也有助于提高学生自主学习及科研能力,着力于培养和提高学生的综合素质,促进学生的个性化及多样化发展。本书主要介绍了仿生微织构在金属切削刀具、齿轮、机械密封等机械工程领域中的研究与应用。本书提出一种交叉组合仿生微织构设计方案,将其应用于钻削、车削加工领域,并对其提升刀具的综合切削性能进行了仿真研究。研究结果表明:组合仿生微织构对于提升刀具切削性能效果显著。同时本书也将仿生微织构置入齿轮表面,以改善齿轮传动的减磨、润滑、振动和抗疲劳性能。

本书可供高等学校、科研院所、企业等相关专业的科研人员及工程技术人员参考和使用。

图书在版编目(CIP)数据

仿生微织构在机械工程领域中的应用与研究/崔有正,
王凤娟著. —哈尔滨:哈尔滨工业大学出版社,2023.6
ISBN 978-7-5767-0903-2

Ⅰ.①仿… Ⅱ.①崔… ②王… Ⅲ.①机械制造材料-
表面改性-研究 Ⅳ.①TH14

中国国家版本馆 CIP 数据核字(2023)第 115326 号

策划编辑 丁桂焱
责任编辑 杨秀华
封面设计 刘 乐
出版发行 哈尔滨工业大学出版社
社 址 哈尔滨市南岗区复华四道街 10 号 邮编 150006
传 真 0451-86414749
网 址 http://hitpress.hit.edu.cn
印 刷 黑龙江艺德印刷有限责任公司
开 本 787 mm×1092 mm 1/16 印张 15.5 字数 368 千字
版 次 2023 年 6 月第 1 版 2023 年 6 月第 1 次印刷
书 号 ISBN 978-7-5767-0903-2
定 价 48.00 元

(如因印装质量问题影响阅读,我社负责调换)

前　　言

　　仿生微织构是基于仿生学理论,通过光刻、电火花、激光、超精密等多种加工方式,来形成沟槽型、凸包型和凹坑型等微观形貌,进而提高工件表面的耐磨、减阻、抗黏附、润滑等特性的一种先进的表面改性技术。其已经在金属切削刀具、齿轮、机械密封、活塞、轴承等工程学领域中得到了较为广泛的应用。本书提出一种组合仿生微织构置入车刀和麻花钻前刀面上,并对其切削性能进行了仿真研究。研究发现组合仿生微织构刀具较单一微织构刀具具有更佳的切削性能。同时,作者也将仿生微织构置入齿轮表面,以改善齿轮传动的减磨、润滑、振动和抗疲劳性能。本书所提出的微织构改善工件综合性能的应用与研究方法,可为后续工程技术研究人员在微织构相关领域的应用与研究提供重要的理论参考与方法借鉴。

　　本书受到黑龙江省教育厅基本科研业务专项项目(145109410)、黑龙江省教育科学十四五规划 2022 年度重点课题(GJB1422295)和齐齐哈尔大学教育科学研究项目(GJZRYB202004)等的资助。

　　本书由齐齐哈尔大学崔有正、王凤娟著,崔有正负责全书统稿。具体撰写分工如下:崔有正撰写第 1 章前半部、第 3 章和第 4 章共计 20.8 余万字,王凤娟撰写第 1 章后半部和第 2 章共计 16 余万字。

　　本书在撰写过程中参考了大量相关文献,在此向作者和出版社表示衷心的感谢。由于作者水平有限,书中难免有不当和疏漏之处,恳请读者批评指正。

作者
2023 年 3 月

目　　录

第1章 绪 论

1.1 仿生学产生及发展历程

仿生学是一门既古老又年轻的学科,中国古代就有"有巢氏"模仿鸟类在树上筑巢来防御猛兽侵袭的传说。"仿生学"一词是 1960 年由美国学者斯蒂尔首先提出的,其含义是研究生物系统的结构、性状、原理、行为及其相互作用,从而为工程技术提供新的设计思象、工作原理和系统构成的技术科学。

其中,利用自然界中某些生物或物体的表面非光滑形态具有的耐磨、减阻、抗黏附、润滑等特性,根据功能需要来设计结构参数并在加工过程中控制其形成,是仿生学重要的研究热点和发展方向之一。

在仿生非光滑表面的研究中,最早被研究和应用的是荷叶表面。已证明,荷叶表面的许多乳状突起的细微结构和蜡质材料,使其具有良好的超疏水和自洁效应,具有超疏水功能的微结构化仿生表面已在汽车表面、建筑墙面、纺织、医疗器械及其他功能微器件等领域得到广泛应用。

仿生非光滑表面的另一个成功案例就是鲨鱼非光滑体表的减阻性能,早已在飞机表面的减阻节油中得到应用。有趣的是,著名的由 Speedo 开发的系列鲨鱼皮布料与泳衣产品,因为对提高运动员成绩的作用过于显著,违背了体育比赛不借外力的本质,于 2010 年被国际泳联正式禁用,其减阻性能可见一斑。

目前,仿生非光滑表面的研究已经在多个领域得到应用。吉林大学机械仿生技术教育部重点实验室,通过长期对土壤生物的体表非光滑特征的研究,结合地面机械的类型差异、触土部件作业规律和结构特点,所开发的仿生几何非光滑犁壁、仿生电渗铲斗等仿生脱附减阻部件已在农业、矿山的多种机械上应用。T. Seo、J. Yu 等学者研制了仿壁虎爬壁机器人。周铭等基于壁虎刚毛表面的黏附与脱附性能,采用低压气相沉积法制备了仿生表面,研究了其仿生黏着机理。陈子飞、许季海等人研究了甲鱼壳表面微小颗粒状结构的防污性能与制备方法。M. Imafuku、韩志武、Y. J. Zhao 等人从不同角度研究了蝴蝶翅膀微观结构的光学特性,探讨了其在光伏产业的应用。

利用耐磨生物体表的非光滑形态,研究其对相对运动机械部件表面耐磨性能的影响及制备技术,也是仿生非光滑表面的重要研究领域之一。Abdel-Aal 等学者发现了爬行动物鳞片存在着微小的孔洞形态和尖刺,导致了鳞片摩擦磨损的各向异性。Biermann、W. Tillmann 等学者采用微铣削和气相沉积法,针对高速钢等材料制备了仿生昆虫表面结构,研究了表面摩擦磨损行为与仿生表面结构和材料之间的关系。梁瑛娜、高殿荣等学者进行了凹坑形仿生非光滑表面承载效应的仿真计算,发现仿生凹坑使润滑膜具有一定的承载力。

在仿生非光滑表面的制备中,激光加工是最常采用的手段。I. Etsion 等学者的研究表明了合适的激光表面微织构能够改善机械部件表面的摩擦特性、提高承载能力。L. Zheng、J. Wu 等利用干摩擦试验对硬度梯度和激光加工形成六角形结构的仿生耦合表面的摩擦磨损性能进行了研究。Q. Sui、P. Zhang 等针对应用于刹车盘、凸轮轴的蠕墨铸铁材料,研究了激光仿生加工表面的耐磨损、热疲劳性能及其对寿命的影响。激光表面微织构对于降低刀具磨损、提高切削性能的作用也从多项研究中得到证实。

通过对大多数生物体表的研究分析可知,大多数生物的身体表面都不是光滑的结构,是一种非光滑的结构。在任一的光滑表面内存在一个由一种或几种因素构成的宏观区块,即非光滑效应,此面亦称为非光滑表面。国内外学者针对仿生非光表面理论进行了如下研究：早在 1966 年,美国的 Hamilton、Walowit 等人通过光刻加工微突起表面试件在润滑条件下进行摩擦磨损实验研究,研究表明这种微凸起表面结构摩擦副能够形成局部流体动压润滑,改善了摩擦副的摩擦状况。Geiger、Roth 和 Becker 等人通过激光加工在陶瓷材料试件构造出仿生微织构,研究了摩擦副在润滑条件下可以产生局部高压和较厚的润滑油膜,使摩擦副表面润滑状态显著改善。Etsion I 学者将激光加工仿生非光滑表面应用到了机械密封和活塞环中,研究发现,在润滑条件下可形成局部动压,而在干摩擦条件下起到磨屑收集作用,滑动副具有承载能力强、摩擦系数小的优良特性。Roshan Sasi、Kanmani Subbus 和 I. A. Palani 等人通过激光电离技术对高速钢刀具进行凹坑状织构化,切削试验结果表明织构表面刀具可以减少刀具磨损,同时减小切削力。K. W. Liew 和 C. K. Kok 等人通过电火花加工在铝合金表面加工出圆柱、方柱及椭圆柱等凹坑表面,经过摩擦磨损试验结果表明圆柱坑表面的摩擦系数最低,磨损量最小。

国内的许多学者也就仿生非光滑表面的润滑、防黏、减阻、耐磨和密封等特性方面进行了大量的研究工作,并开发出了相关应用技术。国内学者们的研究如下：任露泉、葛亮等人通过模具冲压的方式在锅的内壁面制作仿生非光滑表面,通过黏附力测试表明仿生不粘锅具有一定的减黏脱附性能。任露泉、韩志武等人通过激光加工技术制造出了仿生非光滑表面推土机铲斗,并进行了脱附性能对比试验,结果发现仿生非光滑表面铲斗具有较好的脱附能力。邓宝清、杨红秀等人同样利用激光加工技术仿生非光滑表面效应应用到了内燃机活塞缸套系统中,制备了五组不同形态的仿生非光滑表面试样。在混合及准油膜润滑试验条件下,五种仿生非光滑表面试样的减阻耐磨性能提升了 40% ~ 80%。王晓雷等人将反应离子蚀刻技术在轴承表面上加工出微凹坑以用于增加 SiC 推力轴承在水润滑条件下的承载力,试验结果表明：微凹坑表面可以有效地提高 SiC 推力轴承的承载能力。胡俊等人利用激光微光造型技术在光滑表面上加工出凹坑形织构表面。通过摩擦磨损试验发现在低速轻载的情况下,摩擦系数相比光滑表面时增加了；但在高速重载情况下,由于织构表面凹坑的作用极大地减少了表面的摩擦磨损。

1.1.1　仿生非光滑表面的减阻、耐磨特性研究

利用自然界中某些生物或物体的表面非光滑形态具有的耐磨、减阻、抗黏附、润滑等特性,根据功能需要来设计结构参数并在加工过程中控制其形成,是仿生学重要的研究热点和发展方向之一。

国外的众多学者针对仿生非光滑表面在减阻、耐磨性能等方面进行了相关的研究与应用如下：Kyle Jones 和 Steven R. Schmid 等人通过激光表面微造型技术在圆柱形钴铬钼合金试样表面上加工出酒窝状凹坑，通过对比往复式摩擦磨损试验中摩擦系数和磨损率发现，酒窝状凹坑表面对减小摩擦系数和磨损率有着有益的影响。Ramesh 等人采用了数值模拟及销盘试验的方法研究了仿生非光滑表面不锈钢材料的摩擦特性。研究结果表明，最优凹坑面积分布率为 20% ~ 30%，仿生非光滑表面试样的摩擦系数比光滑表面试样减少近 80%。Keishi Yamaguchi 和 Yasuhiro Takada 等人通过单脉冲电火花在铝制盘试样表面上加工具有不同参数凹坑状的织构表面，试验结果表明，织构表面对减小摩擦系数有着积极的作用。Minhaeng Cho 等人利用激光加工在 15CrMo 合金钢试样上加工出面积率为 5%、15% 和 25% 的凹坑表面，在凹坑中填满固体润滑介质，通过干摩擦环境下的球盘摩擦磨损试验发现，这种混合表面在摩擦时能够在金属表面形成聚合物转移膜，对摩擦系数的减小有着极为重要的作用。H. A. Abdel-Aal 和 R. Vargiolu 等人发现了爬行动物鳞片存在着微小的孔洞形态和尖刺，导致了鳞片摩擦磨损的各向异性。I. Etsion 等人的研究表明了合适的激光表面微织构能够改善机械部件表面的摩擦特性、提高承载能力。

国内以吉林大学任露泉院士为代表的众多学者在仿生非光滑表面在减阻、耐磨性方面也做了大量的研究工作。任露泉院士等人将仿生非光滑表面单元体分为凸包、凹坑、波纹和鳞片 4 种形态，并通过试验结果证明了凹坑形试件的耐磨性最佳，图 1.1 所示为试验所采用的仿生非光滑表面试样。郑龙等人利用干摩擦试验对硬度梯度和激光加工形成六角形结构的仿生耦合表面的摩擦磨损性能进行了研究，研究结果表明硬度梯度和六边形纹理的仿生耦合可以很好地提高其表面的耐磨性。隋琦、周宏等人针对应用于刹车盘、凸轮轴的蠕墨铸铁材料，研究了激光仿生加工表面的耐磨损、热疲劳性能及其对寿命的影响，研究结果表明激光仿生加工表面在组合的热循环和磨损条件下可以提高其使用性能。

太原理工大学的刘毓、王学文等人基于 ANSYS 软件和 APDL 语言对凹坑性非光滑表面耐磨性进行了仿真研究，分析了凹坑参数对表面磨损性能的影响规律。杨本杰、刘小君等人以不同滑动速度与接触摩擦挤压力为基础，进行了一系列摩擦磨损试验，结果发现具有规则圆形凹坑的纹理形貌的摩擦系数比单向沟槽形貌和随机形貌的摩擦系数低。张振夫、王晓雷等人研究了在干摩擦条件下织构单元分布密度对滑动表面摩擦学性能的影响，

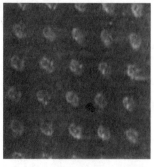 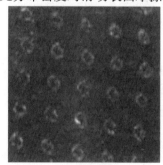

(a) 凹坑表面　　　　　　　　　　　(b) 凸包表面

图 1.1　仿生非光滑表面试样微观表面形貌

(c) 波纹表面　　　　　　　　　(d) 鳞片表面

续图 1.1

结果表明织构单元可以将摩擦形成的磨屑储存起来,减少磨粒数量,从而改变其摩擦学性能。赵军等人研究了数值模拟仿真气体润滑状态下凹坑形仿生非光滑表面对减小表面摩擦阻力的影响。蔡振兵等人通过球面接触往复式摩擦磨损试验机试验研究了添加石墨烯的 PAO4 润滑油条件下合金铸铁及青铜织构表面试样的摩擦学特性,试验结果表明当织构可以收集大部分磨屑时,减磨效果明显;但当表面织构不足以收集磨屑时,减磨效果下降明显。

1.1.2　仿生非光滑表面的抗疲劳性能研究

对于将仿生非光滑表面理论与技术引入到模具应用中,以提升其耐疲劳性能,国内外学者也进行大量的相关研究。Kamat 等人通过激光淬火硬化技术在热作模具钢表面加工出仿贝壳体表条形纹理,研究发现激光处理后的硬化区起到了阻挡裂纹扩展的作用,提高了热作模具钢表面的耐疲劳性能。Ma 等人采用在仿生学的启发下,提出了一种不连续的激光熔化裂纹修复方法来修复制动盘的热疲劳裂纹,从而延长了制动盘的使用寿命,提高了制动盘的修复效率。Keith 等人研究了 H13 工具钢热致裂纹的疲劳寿命,根据传统的浸入测试概念,通过循环加热和冷却来产生热疲劳裂纹。建立了一个有限元模型来求解热负荷,并将结果与试验测量结果进行了关联。提出了一种基于温度的预测准则,该准则可从修正的通用坡度方程得出,用于描述热疲劳裂纹寿命。刘立君等人利用激光表面熔凝及表面填丝技术耦合仿生对压铸模具表面进行织构强化,分析不同处理方式下热疲劳裂纹扩展形态,经激光耦合仿生试样抗热疲劳性能显著提升。Zhang 等人通过研究土壤动物提出仿生非光滑理论,应用于模具后发现提升了其抗热疲劳性。Jia 等人利用激光表面熔凝方式对 H13 钢进行强化,发现其仿生单元体可显著提高模具寿命。丛大龙等人研究了激光合金化及激光熔凝两种处理方式下 H13 钢的热疲劳抗性变化。孟超等人采用激光熔覆技术,在退火态 H13 钢试样表面得到非光滑表面,并对比了试样的疲劳性能。X. Tong 和 J. Daim 等人将贝壳非光滑表面形态通过激光加工到灰铸铁材料试样表面,试验结果证实该方法可以有效地提高材料抗疲劳性能。尹研等人利用激光填丝熔覆技术对 Cr12MoV 模具疲劳裂纹进行修复研究。Meng 等人集仿生理论和激光工艺于一体,探讨了选择性激光表面熔化处理材料的力学性能与热疲劳行为之间的关系。Yang 等人使用激光仿生耦合技术（LBCT）处理后，热加工模具的热疲劳得到显著改善，同时阻止裂纹萌生和扩展的效果显著。Zhi 等人利用激光重熔仿生技术模具表面制备耦合仿生模型组合，增强模具的局部抗疲劳磨损性能，并比较了在不同温度下耦合仿生模型的疲劳裂纹数和磨损损失权重。分析了仿生耦合模型的机理，确定了具有密集型结构的仿生表面具有很强的抗疲劳磨损性能。Yuan 等人通过采用适当的激光工艺参数在 H13 钢热锻模具表面可制备出网格状仿生非光滑耦合单元体，结果表明仿生非光滑耦合处理对提高模具表面硬度、耐磨性能及热疲劳性能效果显著。

1.1.3　耦合仿生非光滑表面的研究概述

2006 年由吉林大学任露泉院士课题组承担的国家自然科学基金重点项目"机械仿生耦合设计原理与关键技术"（项目编号：50635030）中提出了生物耦合的概念，指出："生物耦合是指生物体中两个或两个以上的不同体系（包括特征、系统等）通过协同作用，即耦合方式联合起来形成的，具备多种特定生物功能，从而实现对外部环境最佳适应性的生物实体的一种自然现象。"也指出："耦合仿生是将两种或两种以上的仿生体系（特征、系统）耦合，从而构建成以低能耗获取最大环境适应性为特征的人工技术集成系统。"

1.1.4　生物耦合

在生物的整个生命进程中，生物功能很少是靠单一部分或单一因素来完成的。事实上，在生物体中两个或两个以上的不同部分协同作用或不同因素耦合作用的结果，便是生物耦合。生物耦合现象是生物亿万年与环境和生存机制相适应的产物，是生物生存和发展的必然结果，这在生物界是普遍存在的，例如，穿山甲胸背部的鳞片和爪趾的协同作用，使得穿山甲在挖洞过程中具有明显的减阻和耐磨功能；荷叶、蝴蝶翅面等所具有的自洁防黏特性，是由他们的表面非光滑形态、微/纳复合结构和低能材料等三个因素耦合来共同实现的；沙漠蜥蜴在沙漠中显示出优异的抗冲蚀功能，原因是其体背硬质鳞片非光滑形态与多层组织柔性相互耦合实现的结果。

生物体为了适应生存环境的需要，在大自然的选择下优胜劣汰，优选进化出各种各样的丰富形态和复杂结构，其形态、结构、材料以及其他因素通过优化耦合，成为对生存环境具有最大适应性和协调性的系统。生物体中的这种不同体系之间的有机融合、交融，形成新的系统、体系的过程，其作用的结果必然形成优于单一因素作用的新特征、新功能。

1.1.5　耦合仿生

耦合仿生是建立在对生物耦合的研究基础上而提出的，基于生物耦合规律及机理而进行的仿生科学与技术集成系统；是基于生物具有某种功能（如减黏、减阻、耐磨和抗疲劳等），进而探索生物表面形态、微观结构和材料特征等多个因素的特征，诠释功能与影响因素间的内在的关联性。针对这些研究的基础便是生物体为适应生存环境而经历长时间的进化所表现出某种功能特性的特征系统，这些生物体所表现出的某种优良的功能特征便是仿生研究人员所研究和关注的对象。

正确地分析生物耦合功能系统运行的机制与规律是进行准确的耦合仿生功能系统的

前提和基础,同时配合建立合适的生物耦合系统模型。耦合仿生的设计原理遵循功能性原理,首先要明确仿生耦合的功能目标,预定实现特定的仿生功能,如减阻、耐磨、抗疲劳等,进而选择合适的生物原型,并分析若干典型生物的形态、结构、材料等因素的生物耦合现象和耦联方式,揭示生物耦合机制与规律,建立耦合仿生设计理论,研究耦合仿生优化设计和制造的关键技术。耦合仿生是仿生学研究和发展的必然趋势,也意味着仿生学研究从单元仿生研究到多元耦合仿生研究的转变。耦合仿生理论与技术不仅在机械工程领域应用,而且在其他领域也同样有着巨大的应用价值和广阔的发展前景。

1.1.6　耦合仿生非光滑表面抗疲劳现象

放眼于大自然这个大千世界,生物界中不乏有很好的抗疲劳的例子,都能以最简单的结构来获得最大的环境适应性,例如贝壳珍珠岩层和植物叶片等。从自然界中常见的生物表面结构来获取仿生灵感,进一步体会到大自然鬼斧神工杰作的魅力。

1. 贝壳珍珠岩层

贝壳在地球上已经存在了上亿年,且生存环境也极其恶劣,常年受到海水的冲刷和腐蚀、受到沙子的磨损,等等。在这些恶劣的生存环境下,贝壳经受住了种种考验,且依然随处可见,究其原因都要归功于其表面特殊且优异的表面形貌与结构组织,使其表面的强度及破裂韧性在很大程度上得到了提高,从而有效增强了贝壳对特定恶劣生存环境的适应性。经研究发现贝壳珍珠层由文石晶体层(约 95% 的 $CaCO_3$)和少量的有机基质(约 5%)组成,如图 1.2(a)所示。这种由文石晶体层和有机基质层相互交叠形成多尺度和多层级的结构,使得贝壳具备了良好强度和韧性的优异的综合力学性能。Kamat 等人在研究了贝壳珍珠层的断裂行为后发现:当裂纹扩展到文石头层时,裂纹不会直接穿过文石层,而是在有机层和无机层界面频繁地发生偏转(图 1.2(b)),贝壳这种特殊的珍珠层结构使其展示出了较好的抵抗裂纹扩展的特性。同时李恒德等人继续对贝壳珍珠层的断裂行为进行研究,他们同样发现裂纹频繁偏转的现象,经过深入分析得出两方面原因:一方面这种偏转可以使得裂纹扩展路径增长,意味着裂纹扩展需要更多的能量;另一方面裂纹偏转到不易变形的方向时,扩展阻力将会明显增大。另外,贝壳表面分布着粗糙非光滑的唇脊或棱筋,这种非光滑表面结构可以抵消或者减弱海水和砂石等对贝壳身体表面的冲击与磨损。基于形态、结构和组成材料相互之间的耦合作用,使得贝壳在恶劣的生存环境中表现出惊人的生存能力。

2. 植物叶片

植物叶片长期暴露在自然环境中,观察发现即使在不断遭受狂风暴雨的情况下,或者因季节的更替而产生冷热交替的影响,植物叶片仍保持完好无损,很少能看到叶片开裂,这与植物叶片特殊的生物构造密切相关。研究发现,植物的叶片是由平行状、网格状或放射状分布的叶脉和分布于叶脉之间的叶肉组成的。叶肉质地柔软,很容易变形进而缓解或消除外界应力的作用。叶脉是由维管束和机械组织构成,其组织和化学成分均不同于叶肉细胞,质地强韧,起到重要的支撑作用。由于这种特殊的结构,当叶片出现开裂时,裂纹的扩展沿着垂直于叶脉方向,但受叶脉的阻碍裂纹往往在叶脉与叶肉连接处发生偏转,

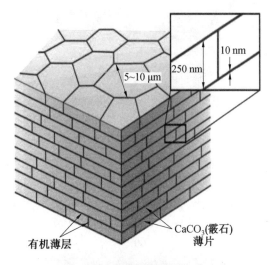

(a) 贝壳珍珠层结构图

(b) 裂纹在珍珠层中的偏转

图 1.2　贝壳珍珠层结构示意图与裂纹的偏转

如图 1.3 所示。随着这种扩展路径的不断重复,使得整个叶片撕裂,但是扩展路径却明显增长,这种扩展方式需要消耗更多的能量和更长的时间,从而延长了叶片的寿命。这与上述贝壳珍珠层的止裂机理十分相似,植物叶片的叶脉形状、结构和组成材料经过上亿年的进化得到了最大限度的优化,显示出了对周围环境最大的适应能力。

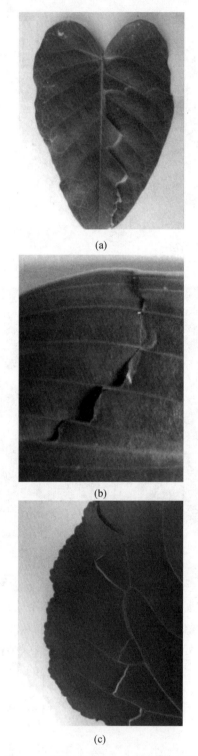

(a)

(b)

(c)

图 1.3　裂纹在植物叶片中的偏转形貌

1.2   仿生微织构的研究与应用

仿生微织构是基于仿生学理论,通过光刻、电火花、激光、超精密等多种加工方式,来形成沟槽型、凸包型和凹坑型等微观形貌,既而提高工件表面的耐磨、减阻、抗黏附、润滑等特性的一种先进的表面改性技术,已经在刀具、齿轮、机械密封、活塞等工程学领域中得到了较为广泛的应用。

1.2.1   仿生微织构刀具研究

将仿生微织构技术引入刀具可以很大程度地改善刀具的切削性能,已有研究结果表明,在一定的切削条件下,具有一定微织构的刀具能有效降低切削温度和切削力,降低切屑黏附,降低刀具磨损,提高刀具寿命,降低振动,提高切削稳定性等。国内外的学者均在该领域进行了深入的研究,并且取得了不错的成果,极大地推动了微织构刀具技术的发展。

A. Fatima 等人将槽形微织构置入硬质合金刀具前/后刀面上,并对其干切 AISI 4140 钢进行了实验研究。研究结果表明仿生微织构硬质合金刀具前/后刀面摩擦系数分别下降了 17%、18%,且前刀面上的黏结区面积也明显减小。Kümmel 等学者研究发现凹槽微织构刀具在切削 AISI 1045 钢过程中提高了抗黏结性能和加工表面质量,还发现凹槽型微织构纹理在加工过程中形成了稳定的积屑瘤,导致获得了更好的表面加工质量。T. Enomoto等学者通过激光加工技术在无涂层刀具表面加工出不同方向和尺寸的凹槽状微织构形貌,切削实验研究结果表明:织构的几何参数和方向对织构刀具的切削性能具有重要影响,合理地优化织构几何参数和空间位置,可以更加充分地发挥织构刀具抗黏、减磨性能。Ahmed 等学者利用飞秒激光在硬质合金刀具前刀面上加工出方形凹槽微织构及不同方向的凹槽型微织构形貌,基于切削 AISI 304 不锈钢的切削试验研究,相对于无织构刀具,方形凹槽微织构刀具具有最佳的抗黏结减磨性能,显著降低了切削力和摩擦系数,也有助于形成稳定的积屑瘤,提高了工件表面的光洁度。Toshiyuki 等学者通过采用光刻技术在硬质合金刀具表面制备出垂直和平行于主切削刃且规则分布的凹槽、凹坑和凸点等不同微织构形貌,切削实验研究发现:与无织构刀具相比,织构刀具减小了刀-屑接触长度,降低了切削力,改善刀具表面摩擦状态。谢晋等人通过采用磨削加工方法在硬质合金外圆车刀表面加工出平行和倾斜微沟槽两种微织构形貌,基于切削性能实验研究发现:与无织构刀具相比,平行和倾斜微沟槽具有助于排屑和散热的功能,可以有效地降低积屑瘤产生和刀具表面的黏结磨损,同时也极大提高了切削工件的表面质量。杨树财等学者通过有限元仿真和切削试验研究,对微织构球头铣刀铣削钛合金的过程进行了研究,发现微织构刀具在切削过程中的切削力、切削温度及磨损深度得到了明显降低。邓建新等学者研究了微凹槽织构引入刀具前刀面月牙洼磨损区域,将固体润滑剂 MoS2 填充于微凹槽内部,形成自润滑刀具。通过干切削 45 钢切削性能实验发现:微凹槽自润滑刀具可减小刀具前刀面的抗黏结减磨状态、降低切削力,有效地提高刀具切削性能。潘布崇等人通过研究不同微凹坑尺寸对刀具耐磨性能的影响,研究发现在一定凹坑直径范围内,刀具耐磨性及抗黏结性随着直径的减小而不断提高。

　　谢晋等学者采用金刚石 V 形刀尖砂轮磨削在刀具前刀面加工微槽。通过干切削钛合金试验。结果表明,随着微沟槽深度从 149 μm 到 25 μm 变化,切削温度随之降低,剪切角增大。与传统平面刀具相比,在小切深时,微沟槽深度 25 μm 的微织构刀具的切削力和切削温度分别降低了 32.7% 和 20% ;更可观的是在大切深时,微沟槽深度 25 μm 的微织构刀具的切削力和切削温度分别降低达 56.1% 和 27.2% 。Chang 等采用离子束在微铣刀前刀面加工出三种不同方向的微沟槽阵列,即与主切削刃成 0°、90° 和 45°,微沟槽的宽度为 4.5 μm,长度为 300 μm,深度为 7.5 μm。通过微铣削试验表明,与其他刀具相比,微沟槽与切削刃垂直的微结构刀具所产生切削力最小,并具有最佳的抗磨损性能。Lei 等人利用飞秒激光在未涂层硬质合金刀具的前刀面上形成孔形阵列微织构,其微孔直径约为 70 μm,并在微织构中填充润滑油和固体润滑剂,形成微池润滑刀具。通过切削试验,与普通硬质合金刀具相比,微池润滑刀具的平均切削力降低了 10% ~ 30% ,刀-屑接触长度减少了 30% 。其减摩润滑机理为:一方面,随着刀-屑接触长度的减小,摩擦力随之减小;另一方面,在切屑经过前刀面微孔阵列时,润滑剂被从微孔中挤出,并在刀-屑界面形成(液体和固体)润滑膜,导致摩擦力减少。随后,Lei 等人又研究了孔型和平行于主切削刃的沟槽型阵列的两种微织构刀具,其微孔直径约为 200 μm,微沟槽宽度略小 200 μm,并且微孔和微沟槽深度约为 200 ~ 600 μm。在分析切削力、刀-屑接触长度和切屑卷曲半径的基础上,得到微沟槽刀具的切削性能最优,微孔型刀具次之。Sugihara 等人采用飞秒激光加工技术在硬质合金刀具前后刀面制备平行于切削刃的微沟槽阵列,微沟槽的宽度为 20 μm,深度为 5 μm。通过对比普通刀具和微织构刀具的磨损形貌可知,织构化的前后刀面的磨损程度较低,研究表明微织构能够起到收集磨屑和储存润滑剂的作用,有效改善切屑与前刀面、加工表面与后刀面之间摩擦状态,提高了刀具的耐用度。Niketh 等人在钻削刀具表面采用激光加工技术制备微织构,并在干切削、湿切削和微量润滑的条件下钻削 Ti6Al4V 试验。结果表明,微织构起到减少接触面积、收集磨屑和微池润滑的作用,有助于有效地降低钻削力,提高加工表面的完整性。

1.2.2　仿生微织构齿轮研究

　　齿轮表面织构化因其具有更好的耐磨性、更优的润滑性能以及能够改善齿轮振幅与固有频率等优点,逐渐成为研究的热点。近年来,国内外诸多学者对齿面织构化技术进行了深入研究,研究方向包括表面微织构的形貌参数对织构化齿轮的润滑性能、摩擦学性能、动力学性能等方面的影响。

1. 齿面微织构对齿轮性能的影响

　　(1)微织构对齿面润滑性能的改善。

　　在齿轮齿面经过润滑后,齿面间易生成润滑油膜,而微织构则起到了干涉齿面润滑油流动形态的作用。微小的凹坑不仅能够储存余量的润滑油以确保齿面间的接触为固-液接触,改善齿轮的润滑效果,还能在高负载状态下产生额外的负压来承担一部分载荷,提高了齿轮的寿命。李荣荣等人分析了粗糙度逐渐增大时横、纵纹理对齿面润滑性能的影响,研究结果表明:适当提高齿面粗糙度时(大于 0.5 μm),横向纹理对油膜厚度起增大作用,而纵向纹理对油膜厚度起减小作用。黄尚仁等人研究了乏油条件下表面纹理参数和表面粗糙度对齿面油膜寿命的影响,研究发现表面粗糙度的适度增加有助于延长油膜寿命。徐劲力等人进一步研究了空化效应下齿面微织构参数对双曲面齿轮油膜承载力的影响,研究结果表明:若不考虑齿轮工作时存在的空化效应,最佳的表面形貌是截面为方形或梯形的结构;若考虑空化效应,则方坑型微织构具有最大的油膜承载力,同时其齿面摩擦力也最小,能够有效改善齿面的润滑性能。

(2)微织构对齿轮摩擦磨损性能的改善。

在齿轮齿面制备出微织构后,齿轮表面的润滑性能及摩擦学性能得到了明显提升。汤丽萍等人对比了激光凹坑织构(半径 68 μm、深度 1.5 μm)、Magg 交叉纹理(宽度 32 μm、深度 0.35 μm)、普通磨削纹理(宽度 64 μm、深度 0.7 μm)的摩擦磨损性能,结果为激光凹坑织构最优。从而证实了适当提高齿面粗糙度能够提升齿轮的摩擦性能。Greco 等人单独研究了激光凹坑织构(直径 85 μm、深度 7.4 μm)对齿面抗磨损性能的影响,结果表明:纹理化试件的刮伤临界载荷比无纹理试件增加了 183%,但在高载荷下齿轮的磨损率略有增加,而齿尖、齿根处所受载荷低于齿轮节线处,且出现的失效形式多为擦伤,凹坑微织构表面呈现出较好的性能。邵飞先研究了乏油条件下凸包型、微圆坑型、微方坑型耦合仿生微织构的摩擦学性能,研究结果表明:具有一定深度的圆坑型微织构具有更好的减磨减阻效果,在载荷为 50 ~ 100 N 时,其摩擦系数随着载荷的增加会不断减小;随着载荷的继续增大,表面形貌就会被破坏,摩擦系数随着载荷的增加而增加。上述研究表明,在不同载荷下,表面具有一定尺寸微织构的齿轮有更好的摩擦学性能。

(3)微织构对齿轮动力学性能的影响。

微织构加工属于减材制造,由于改变了齿轮的外观形貌,因此微织构对齿轮动力学的性能也会产生一定的影响。崔有正等人对织构化齿轮进行了模态分析,研究结果表明:在齿轮节圆附近引入仿生球形凹坑表面形态后,其各阶最大振幅均有减小,在节圆附近的振幅减小幅度最大,且织构化齿轮前 10 阶固有频率更小,范围更集中,不易与其他部件产生共振。Gupta 等人测试了齿轮工作时的振动情况,考虑到齿轮啮合时表面同时存在滚动摩擦与滑动摩擦,且各个部位的摩擦形式不同,故在齿面的不同部位加工出不同大小的微坑以对应其不同的滚滑比,并对比了不同载荷和不同节距线速度下齿轮副的振动特性等。实验结果表明,齿面间赫兹接触压力为 0.4 GPa 时,齿面振幅在 4 m/s 和 8 m/s 的节线速度下分别降低了 40% 和 51%,降幅效果显著。这是由于微织构的存在改善了润滑情况,减小了齿面间的摩擦系数,增加了阻尼,从而使齿轮振幅减小,提高了齿轮的传动平稳性。何国旗等人从啮合力和传动精度两个方面研究了微织构对面齿轮传动性能的影响。通过选取圆形、三角形、正方形三种凹坑形貌面齿轮与常规面齿轮进行对比,研究结果表明,微织构的存在会使齿面接触面积减小,故啮合力均大于光滑齿轮,进而使得织构化齿轮的传动误差也更大一些。三种形貌中,圆形凹坑形貌的面齿轮传动平稳性最接近光滑齿轮,确定了对面齿轮传动误差影响最小的圆形凹坑直径为 300 μm,优化了微织构齿轮的传动精度。韩志武等人使用激光加工在齿根处刻蚀出网状微织构,并进行了双齿脉动载荷的弯曲疲劳试验。研究结果表明,微织构可以有效地阻止齿根处疲劳裂纹的蔓延,大大改善了齿轮的抗弯曲疲劳性能。

2. 齿面微织构对齿轮性能改善机理分析

（1）改善润滑性能。

在齿轮传动中，通过添加润滑剂可将齿轮啮合时原本的固-固接触转化为固-液接触，从而达到降低磨损率的目的。但若加量过多，齿面则有可能被润滑剂里的化学物质腐蚀。润滑剂会随着时间的推移逐渐耗尽，若得不到补充，齿轮会进入乏油润滑状态，极易引起齿轮失效。而在齿轮表面构建微织构，则可以有效地改善这一问题：

①在乏油状态下，这些微织构可以起到储存少量润滑油的作用，不断地补充润滑油，帮助齿面上形成油膜，防止啮合处出现固-固接触现象。

②在富油条件下，微织构中储存的润滑油会产生附加的流体动压力，引起动压润滑效应，每一个微坑中储存的润滑油都相当于一个微小的流体动压润滑轴承，承载了一部分外部压力。

③齿面微织构会破坏流体的边界层，使边界层内的黏性流动部分与边界层分离，相当于减小了润滑油与齿面间的摩擦力；且在高温高压下，齿面微织构中易发生空化效应，破坏流体流动的稳定性，从而降低了固液间的摩擦力。

（2）阻碍裂纹扩展。

在齿轮内表层处会因应力的不断积累而产生初始裂纹源，进而发生齿面疲劳点蚀；齿根处会因受到较大的弯曲应力而萌生裂纹，最终导致轮齿折断。这部分累积应力的深度大都低于微织构的深度，在初始裂纹产生后，由于微织构的阻挡，裂纹大都无法继续扩展，少部分继续扩展的裂纹也无法产生大范围的破坏。其中，崔有正等通过对高速球头铣削制备的四边形仿生微织构形貌凹坑的抗疲劳裂纹扩展性能研究中发现：由于四边形仿生凹坑形貌的存在，有效阻碍了裂纹的扩展，延长了疲劳裂纹扩展的路径长度，消耗了疲劳裂纹扩展所需的更多的能量，增强了仿生表面的抗疲劳性能，表明由于仿生凹坑表面微织构的存在对疲劳裂纹扩展起到了很好的抑制作用。同时，齿面微织构的制造过程也会在基体上残留大量的残余应力，如激光加工微织构时残余的热应力，磨削时产生的残余压应力等，这些残余应力都能中和大部分工作时累积的应力，从根源上减少了裂纹的产生，提高了齿轮的疲劳寿命。

（3）加速温度耗散。

齿面微织构化处理扩大了齿轮齿面的整体面积，可以加快散热速度；减小了齿轮啮合时的接触面积，提高了齿轮与空气之间传递热量的效率，故而延缓了齿面温升速度，更利于形成油膜，从而减小了出现齿面胶合的概率。

（4）改变固有频率。

在齿面微织构化处理一般属于减材制造范围，改变了齿轮的形貌，因此其前 10 阶固有频率和最大振幅也会随之变化。经计算，微织构齿轮前 10 阶固有频率的范围更小，最大振幅也更小。

1.2.3　仿生微织构在机械密封中的研究

机械密封是流体机械和动力机械中的重要零部件，它对整台机器设备、整套装置甚至整个生产过程的安全性都有很大的影响，是机械设备防漏、节能及控制环境污染的重要基础部件。近年来,众多学者将仿生学思想和方法应用于机械密封设计中,为机械密封的设计、研究和应用提供了一些新的思路。

任露泉院士等提出了增强密封件密封性能的非光滑耐磨技术在工程中应用的观点,指出密封表面进行适当的非光滑处理是未来机械密封件的发展方向。任露泉院士等人研究表明,沟槽状可以减小阻力,并具有较好的抗磨损能力。端面开槽机械密封技术和端面微孔机械密封技术本质上是一种仿生非光滑表面技术。Etsion 等人研究发现密封端面上规则的非光滑表面结构具有增加密封件间承载能力、油膜刚度和减小摩擦、磨损的作用。Kligerman 等人在试验室内对水泵中的密封垫进行了对比,结果表明,光滑的密封面可看到磨损痕迹,而非光滑表面丝毫无损。Etsion 等人还研究了激光加工微孔端面机械密封(LSTMS)的摩擦学性能,研究表明,在机械密封端面加工规则的微孔,其承载能力、抗磨损性能和摩擦因数等都得到显著提高。彭旭东等人的研究表明,在相同条件下,与普通机械密封相比,LST-MS 的适用范围更广,端面温升或摩擦力矩却下降。到目前为止,关于LST-MS 的理论研究还刚起步,且一般选择球缺面微孔,对其他型面微孔的密封性能及其与球缺面微孔的比较还很少见。如贝壳表面的凹坑直径为 $10 \sim 30 \ \mu m$,形状多数近似椭圆状或圆形,因而生活在沙滩上的贝壳具有良好的抗磨损能力。许国玉等以油缸与活塞的密封圈为仿生对象,模仿黄缘真龙虱的体表特征,在光滑密封圈的外表面加工均匀凹坑特征,每 3 个凹坑为一个三角形组合单元,每个单元的圆心角为 8°,这样橡胶密封圈的圆周外表面一共分布 45 个三角形组合单元,并利用 ABAQUS 软件进行有限元分析得出:在一定条件下仿生密封圈产生的有效应力满足其密封性能。王臣业等人模仿节状蠕虫水蛭的周向和轴向腔体变形并在此柔性腔体外覆盖一层以天然乳胶为原料的密封外衣来实现水下机器人的收缩与伸张整体变形密封。汝绍锋等人设计一种采用聚氨酯橡胶制成的泥浆泵密封活塞,并在活塞表面加工仿生条纹和凹坑进行动密封性能试验,结果表明条纹型和凹坑型的活塞整体泄漏量比光滑活塞少,其中条纹型活塞的泄漏量最少,密封性能最好。杨卓娟等人研究了经激光处理后不同直径和间距的 W9Cr4V 高速钢凹坑形仿生非光滑表面试件的高温摩擦磨损特性,结果表明,非光滑凹坑直径及其间距越大非光滑试件的耐磨性能越好。如果能研究更多生物体表非光滑凹坑结构,借用到机械密封端面设计中,无疑能为机械密封端面微孔的设计和研究提供新的思路。

1.2.4　仿生微织构在活塞中的研究

液压泵体内部与液压缸和活塞都是摩擦副,以及发动机气缸和活塞等,必然存在摩擦与磨损。摩擦与磨损使液压泵效率降低和能耗增加,甚至更换液压泵、发动机缸筒和活塞元件。众多学者将仿生微织构技术应用于液压元器件以及发动机气缸和活塞中,旨在提高液压缸密封、液压泵减阻抗磨及降噪等三个方面性能的应用。

国外学者 Etsion 和 Ronen 等人建立了织构化活塞环-缸套摩擦副的润滑模型,并对其组件润滑摩擦性能开展了研究。研究结论证实,油膜厚度的增强及摩擦副流体承载能力的提高是表面织构的动压效应导致。基于此,Etsion 和 Sher 等人为了降低整机燃油消耗,提出对矩形环进行部分织构来实现该目的。Jeffrey 等人考虑了实际表面的粗糙度,建立了织构化缸套-活塞环三维表面润滑模型,研究珩磨沟槽对缸套-活塞环润滑摩擦性能的影响。计算结果表明,减小珩磨沟槽交叉角度可以提高油膜的流动阻力,在缸套-活塞环间隙减小时增加润滑油有效黏度,减小边界润滑,从而降低摩擦。但是,减小交叉角度使得微凸体接触面积略微增加,可能导致缸套容易擦伤。Checo 等人对织构化缸套-活塞环润滑摩擦进行理论分析时,采用了质量守恒的 Elrod-Adams 模型来处理空化效应,并且考虑了活塞环的实际运动,模型的网格偏差小于1%。计算结果表明合适的凹坑织构有利于缸套-活塞环的润滑,油膜厚度最大增加86%,摩擦系数最多减小73%。但他们也指出与发动机实际运转时实时变化的工况相比,模拟并不能准确体现贫油润滑的状态,其结果还不能完全反应缸套-活塞环的实际润滑状况。Yous 等人使用新型的珩磨技术在缸套表面分别加工了圆形和椭圆形织构,在摩擦试验机上进行了测试,试验结果表明沿着相对滑动方向椭圆形织构的减摩性能优于圆形织构。Meng 等人考虑了润滑油的输送效应和传热效应,建立了织构化缸套-活塞环润滑模型,研究表面织构在发动机启停时对摩擦副的影响。计算结果表明,织构化表面相比于光滑表面更容易形成动压润滑,有利于减少表面接触,在频繁的启停时可以有效减少摩擦损失。尽管在贫油润滑状态下表面织构对滑动表面摩擦性能的改善有限,缸套表面加工织构后仍可减小缸套-活塞环的摩擦,并且比在活塞环上加工织构效果更好。Koszela 等人在汽车发动机缸套表面加工一定数量的微坑,通过与未加工微坑的发动机进行对比,发现在同一工况下,加工了微坑的发动机的耗油量比未加工微坑的发动机的耗油量更少。Costin 等人以发动机缸套为实验对象,在缸套表面加工出一系列排列规则的周期性微织构,通过改变微织构形状和尺寸参数,得到了适用于发动机缸套表面的最优微织构尺寸。Mezghani 等人通过在缸套表面建立不规则的凹槽来探究其对活塞-缸套摩擦副之间的减摩润滑特性的影响。实验表明,凹槽的存在可以明显降低活塞与缸套之间的摩擦,提高其润滑效果,作者将其可以减小摩擦提高润滑的作用归结于凹槽可以适当储存摩擦磨损产生的碎屑,降低缸套与活塞之间的二次摩擦。Castleman 等人以发动机缸套为研究对象,通过数值模拟分析,发现凸起的微织构更容易在活塞-缸套表面形成润滑油膜,改善润滑效果。Ronen 等人将一种微孔结构加工到活塞环用来提高活塞-缸套摩擦副之间的润滑性能。实验表明,微孔结构的存在可以使微孔附近的流场发生改变,产生流体动压效果,增加润滑油膜额外的承载力。Bolander 针对缸套及活塞环表面织构,引入了流体润滑与弹性流体润滑计算模型,重点分析了在发动机上止点处不同表面织构深度下,弹性接触的承载力和摩擦力的变化情况,研究得出通过表面织构可以降低摩擦副间的摩擦力,同时认为微凹腔深度对于表面接触行为起着至关重要的作用,当深度太大(超过10 um)时,反而不利于改善润滑,会增加弹性接触的面积。

田丽梅等人对离心式水泵的叶轮表面进行仿生非光滑凹坑设计和试验,结果表明,仿生非光滑叶轮表面的摩擦力、剪应力及其附近的湍流黏性均变小,凹坑内保持有低速流动的流体使得切向力变小,从而达到减小绕轴转动的力矩作用,达到减阻增效的目的。邓宝清等人模仿蚯蚓体表特征设计了仿生非光滑耐磨活塞并对其摩擦学特性进行了实验研究,与光滑表面活塞进行对比得出最佳的非光滑形貌的磨损性能比光滑形貌高出4倍之多,充分验证了仿生非光滑活塞具有优良的抗磨性能。杨洪秀等人研究了非光滑活塞与缸套摩擦度的贮油润滑技术,求得了润滑油的晃动波高以及压力分布,解释了非光滑微坑贮油润滑这一物理现象。胡勇和尹必峰等人在缸套内表面构造仿生表面织构,研究了不同表面织构对缸套摩擦磨损性能的影响,结果表明在流体润滑和混合润滑以及相同载荷等条件下,缸套表面织构能储存更多的润滑油并更快更有效地将润滑油连续供给摩擦表面,对活塞和缸套减阻性能起到了积极作用。李树林等人将气缸套内表面进行了激光加工微织构化处理,加工出规则均匀的微凹坑和微沟槽状储油结构,具体结构如图1.4所示。降低了活塞环与气缸套摩擦系数,有助于形成良好的动压润滑效果,降低了活塞与缸套之间的磨损。

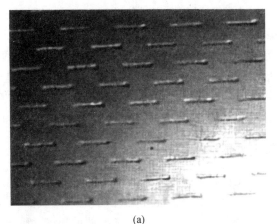

(a)

(b)

图 1.4　气缸套内表面激光加工微沟槽和微凹坑状储油结构

同时,高大树等人通过对活塞组件表面理化特性分析、力学性能测试、基础摩擦学试验、相关理论计算、小配合间隙设计及发动机装机验证,对一种低摩擦热化处理技术在柴油机上的应用进行了研究,设计了一种具有减摩耐磨综合功能的活塞组件改进方案。吴波等人将在研究耐磨活塞裙时,用贝壳与蚯蚓作为仿生的模型,结合仿真和台架试验结果,证实仿生横条纹形活塞和仿生竖凹槽形活塞均可储油、存屑、减小摩擦,达到减小磨损和摩擦热的目的。夏禹等人研究了环槽形新型织构的润滑摩擦机理,并将圆形凹槽与环槽织构的润滑性能差异进行了对比。结果表明:当活塞环经过环槽织构时,在运动方向上,环槽中心圆柱前槽与后槽分别产生油膜压力较小与较大的动压润滑效应,即环形槽可产生二次动压效果;与外径相同的圆形凹槽织构相比,存在最优的凹槽宽度,这可有效地改善润滑和摩擦性能。在此值外,合适的槽宽可使环形槽的润滑性能更好。与圆形槽织构相比,油膜的压力分布更均匀,最小膜厚比增加,平均有效压力和摩擦力均为下降曲线。其原因是二次动压效应与面积占有率对环槽影响的叠加中,前者占据了主导地位;过小的槽宽会使得环槽织构润滑效果恶化。苗嘉智等人在缸套表面设计一种微凹坑表面微织构。研究发现,在合适的工况条件下,表面规则的微凹坑能够有效地降低摩擦系数。符永宏等人将激光加工技术引入到缸套表面,发现合适的表面织构可以提高缸套-活塞环摩擦副的润滑性能。占剑等人探究了凹坑相对角度和面积占有率对缸套-活塞环摩擦的联合影响,证明织构缸套比珩磨缸套的润滑性能更好。

通过模仿生物非光滑表面改变液压元件(密封圈、液压缸套、活塞以及壳体等)和发动机气缸套内表面的形貌结构(凹坑、条纹、网纹、交叉条纹等)或是通过模仿生物体本身材料的功能来实现密封、润滑、减阻抗磨以及降噪功能的仿生技术在液压领域的不断应用,对促进液压泵、液压缸、发动机气缸的性能提升起到了非常积极的促进作用。

1.2.5　仿生微织构在轴承中的研究

轴承内外圈表面微织构化有助于提升轴承的抗摩擦学性能,轴承内外圈表面微织构化有助于提高轴承的承载能力和润滑性能、降低轴承内外圈表面温升和磨损率,提高轴承的极限转速和疲劳寿命。国内外众多学者针对滚动轴承和滑动轴承相关表面微织构化也进行了大量相关研究与应用。

国外学者 Henry 和 Bouyer 等人通过采用实验的方式对 5 个不同的推力轴承(4 个织构了不同形式的微织构,另外的 1 个未织构处理)进行研究,研究发现轻载条件下织构化了的微织构推力轴承能起到降低摩擦力矩的作用,而重载条件下织构化了的微织构的推力轴承性能参数与未织构的推力轴承几乎无差别,甚至更差。Kango 等人研究并发现轴承偏心率的高低将使表面织构对轴承性能造成不同的影响。Tala 等人研究了稳态工况下球形织构对轴承润滑性能的影响。将其与光滑轴承相比,部分织构可以起到提升轴承润滑性能的效果。Rao 等人通过窄槽理论建立带有部分微织构滑动轴承的理论模型,并研究了不同参数的微织构对轴承润滑性能的影响。结果表明,具有微织构的滑动轴承能提高承载能力和降低摩擦系数。Ji 等人对比分析了微织构形状分别为矩形、三角形、抛物线形的织构的承载压强,研究结果表明这三种形状的织构都使轴承的承载性能有所提高,其中矩形织构对轴承的承载性能提升最多。Shi 等人将滚动轴承拟动力学、微弹流润滑分析、非高斯表面仿真技术和应力有限元分析相结合,对微织构轴承的相对疲劳寿命进行分析。分析表明,微织构的存在有助于增强流体动压效应,形成油膜,降低压力和剪切应力,提高轴承的相对疲劳寿命。Him 等人在雷诺方程的基础上,通过对沟槽织构的深度、宽度、沟槽数目等关键几何参数进行了深入的研究,结果表明,沟槽的宽度越大和沟槽数目增多体现出承载力越高,但是沟槽数目达到一定的限度时,其承载力反而下降。J. Yang 等人分析并研究了表面分别构筑了四种织构类型的轴承,研究结果表明:影响轴承性能的因素有润滑油黏度、轴承速度、轴承结构,在这几种织构中凸槽织构对承载力提升效果要优于其他几种形状织构,效果最差的是带凹槽织构的轴承。

国内的相关学者张辉等人利用遗传算法优化了滑动轴承上微织构的覆盖范围,探究了金字塔形貌织构参数对摩擦学性能的影响。其结果表明,优化后的织构设计相比于完全织构化、部分织构化和最初无织构化的光滑轴承滑块而言能获得更低和更稳定的摩擦系数。孟凡明等人对滑动轴承在复合织构作用下的摩擦学性能运用流固耦合(FSI)方法进行研究,如图 1.5 所示。研究表明,与简单织构相比,复合织构具备的承载能力更大、摩擦系数更低。邢国玺探究了织构化表面对圆锥滚子轴承的摩擦润滑问题,研究发现微凹坑的面积率、尺寸等参数优化需要根据工况条件进行选取。

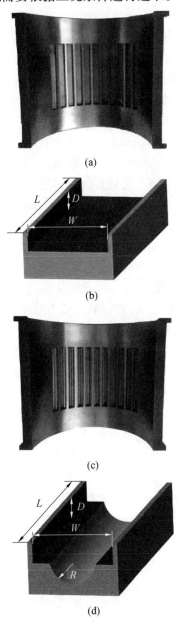

(a)

(b)

(c)

(d)

图 1.5　滑动轴承简单织构与复合织构

李建鸿等人通过对比未织构和织构了矩形凹槽织构的径向滑动轴承的润滑特性,研究结果表明,选取的合理矩形凹槽特征参数有助于改善滑动轴承的动压润滑性能。张瑾等人将圆形凹坑织构构筑在可倾瓦推力轴承表面上并对其性能进行了研究。其结果表明,随着激振频率和静载的增大,推力轴承的刚度系数也随之增大。但转速的增大却导致其刚度系数逐渐减少。在相同条件下,未织构的推力轴承刚度系数、阻尼系数小于构筑了微织构的推力轴承。张扬等人采用 CFD 方法研究表面织构对三油楔动压滑动轴承的各项性能的影响规律。研究发现,在织构数量保持不变的前提下,构筑在楔形出口处的离散间距较大的织构能实现轴承性能的最佳。董艇舰等人通过有限差分法研究了不对中滑动轴承表面构筑的凹槽的相关因素对轴承各项性能的影响。其结果表明,把适当织构参数的微织构构筑在轴承轴瓦表面时,轴承的不对中程度越小其轴承的摩擦润滑性能提高越明显。韩静建立了在流体动压润滑条件下的微织构表面轴承润滑模型,并研究得出微织构相关参数对滑动轴承性能影响的具体规律。

杨华蓉等人研究并分析了滑动轴承表面织构的几何参数、截面形状等在 Reynolds 和 JFO 空化边界条件对其润滑性能的影响。结果表明,运用质量守恒的 JFO 空化边界开展表面织构对轴承工作性能影响的研究是较好的。尹明虎等人构建了不同形状的微织构径向滑动轴承模型,并在考虑空化效应和紊流的基础上,研究了不同形状、位置及几何参数等对径向滑动轴承静、动力学特性的影响。研究表明,方形微织构与其他形状相比,方形微织构布置在主要承载区时对滑动轴承性能提高更加明显。雷渡民等人对建立的微织构滑动轴承混合润滑模型进行分析,最终得到在混合润滑状态下,微织构参数对滑动轴承承载能力和摩擦因数的影响。王霄等人基于多重网格法研究了不同几何形貌对两滑动表面摩擦润滑性能的影响。研究结果表明,在相同面积占有率和微细造型深度前提下,正三角形造型有效油膜压力的范围更大,在相对滑动的表面中产生间隙,且摩擦系数低。江鸳鹈等人依托数值计算方法研究了球面纹理及其几何尺寸变化对滑动轴承性能的影响规律。刘红彬等人通过数值模拟研究了平板及阶梯形轴承表面微织构分布对流体动压效应的影响。其研究结果表明,表面微织构的分布密度太高或者太低,都会使油膜承载能力下降,也就意味着,具备适当密度和分布规律的微织构可以得到最佳的油膜承载能力。许洪山等人对构建的圆柱滚子轴承的弹流润滑理论数学模型进行数值求解,研究了其润滑效果与微织构几何形貌参数的规律。高惠民等人在滑动轴承轴瓦内表面通过激光加工出规则分布的沟槽状微织构,研究发现通过沟槽状微织构的置入改善了滑动轴承内表面的润滑性能及承载性能,同时也提高了轴承的摩擦学性能和疲劳性能,如图 1.6 所示。

同时,王丽丽等人研究了在轴承表面构筑不同的特征参数的微织构对椭圆轴承温度的影响,采用摩擦磨损实验进一步说明微织构的减摩作用机理。研究结果表明,随着微织构轴向分布率的增多微织构的降低温升效果随之变大,轴承承载力呈现先增加后降低的趋势,摩擦力呈现先降低后增加的趋势,端泄量呈现先降低后增加的趋势,织构的轴向分布率为 0.6 时最优。轴承的承载力随着微织构宽度的增加呈现出先增加后降低的趋势,当织构宽度 0.6~0.8 mm,椭圆轴承有好的性能。因此在轴承表面构筑参数合适的微织构可以最大程度地发挥微织构的作用,进而达到提升轴承润滑性能,降低轴承温度升高的目的。张东亚等人对比研究了在滑动轴承表面分别织构矩形分布的织构和线性分布的织

图 1.6　滑动轴承轴瓦内表面沟槽状微织构结构图

构情况时的油膜表面压强分布情况,研究结果表明,矩形分布的织构对滑动轴承的性能提升效果更好,这是因为发射线阵列织构方向与离心力方向相同,因此润滑油更易侧漏导致影响轴承性能。林起釜等人根据速度滑移边界表征表面微织构宏观、微观相互作用的综合效果,研究了表面微织构参数对轴承摩擦阻力和承载能力的影响。研究表明,高速时表面微织构可以减小摩擦阻力,低速时效果不明显,但在无量纲微织构区域的起点和终点表现出不同承载能力,验证了表面微织构的合理设计可以提高轴承性能。孙建国等人提出了用激光加工微织构固体润滑技术在环–环接触的轴承钢摩擦副上加工织构,通过正交实验研究不同工况、不同润滑方式、不同织构密度的微织构的摩擦性能。由研究结果可知:33.2% ~41.7% 的织构率对摩擦性能影响最显著。李宝玉等人采用 CFD 方法研究了沟槽型织构表面对球轴承、滚子轴承滚动体和滚道接触面油膜压力的影响,并对织构化轴承的摩擦系数进行了实验研究,指出当沟槽织构的方向与滚动体旋转方向相垂直时有利于摩擦学性能的改善。

1.2.6　仿生微织构在模具中的研究

模具应用场合广泛,其成形质量受到工件界面与模具之间的摩擦特性影响。由于塑性成形过程中工件与模具之间会产生磨粒,致使接触表面易产生黏着磨损和擦伤。近些年,诸多研究学者将表面织构技术应用在工件与模具接触面上,旨在增强工件的品质、提高模具的使用寿命,国内外众多学者在模具表面微织构化方面也做了大量的应用与研究。

国外相关学者 VFranzen 等人将锯齿形及横纵向轧制织构用于拉深成形模具局部区域并进行了分析。研究表明,在可选择地增加接触面摩擦来约束板料流动的前提下,锯齿形和横向轧制织构对板料流动的优化要优于纵向织构。Geiger 等人研究了具有微织构 TiN 涂层模具在冷锻过程中的摩擦学特性。研究发现:微织构密度为 10% 和 20% 时,相较于未加工微织构处理的 TiN 涂层模具,模具的平均寿命达到了 145% 和 169%。微织构密度的增加会使模具寿命增加。Geige 等人通过激光在模具表面加工微织构能实现降低磨损量、提高模具使用寿命的效果。Pradeep 等人通过有限元探究了不同摩擦系数对金属流动的影响,研究发现表面微织构形貌参数的改变能有效控制金属应变分布。Hazrati 等人通过将数值模拟和试验相结合的方式研究了板料弯曲成形时接触面摩擦变化同模具表面凹腔之间的关系,结果表明,采用凹腔织构可降低接触面摩擦,改善零件成形质量。Ping Chen 等人运用仿真和试验研究冲压模具圆角区域加工的三角形微织构对杯形件冲压性能的影响。研究结果表明,具有微织构模具冲压件底部圆角区域减薄率与无织构模具相比有所降低,且该区域的摩擦润滑性能更好。Ken-ichiroMori 等人为了更好改善接触区域的润滑效果,其在冷挤压模具表面制备了可以储存润滑剂并持续注入摩擦接触区域形成润滑油膜的凹坑微织构。根据研究结果可知,优化微织构的形状、大小、密度和润滑油黏度能对接触区域的润滑性能起到良好的效果。M. A. Nurul 等人选用棕桐油作为冷挤压润滑剂,对织构化模具开展成形试验研究。研究结论得出,表面微织构和棕桐油可作为工业润滑处理替代方式。

蒋嘉兴等人以汽车消声半壳模具作为研究对象,探讨了模具表面摩擦系数的分区优化设计,进而获得模具表面摩擦对成形件厚度影响较为明显的区域,具体如图1.7所示。研究发现,在口模圆角上织构增摩的凸体织构能明显提高板厚的均匀性。朱明哲等人通过试验验证了织构化的金属波纹管滚压成形模具的壁厚均匀性比原始模具有所提高,也改善管坯材料流动性能。刘建芳等人利用 Deform 对齿轮在精锻成形后的形状缺陷进行了分析,获得模具表面上的最优摩擦系数组合后,通过试验表明了在凹模圆角及凸台上织构矩形、三角形及圆形凹槽能改善接触面的摩擦性能,从而提高产品的质量。

图 1.7 激光加工微织构化后的汽车消声半壳凸模

同时,刘晓杰等人探究了两种微织构(圆形和三角形)对冲压模具应力集中现象的影响,研究表明,微织构周围是冲压过程中应力集中的主要区域,其中圆形微织构的冲压应力最低。戴金跃等人采用冲压成形试验对球头上的复合织构进行验证,结果表明,复合织构能实现优化板料流动进而改善工件成形性能的目的。符永宏等人通过数值模拟及试验对焊管轧辊成形过程进行研究,结果表明,激光复合织构焊管轧辊模具相较于未织构模具而言,带有织构的模具能提高成形件的边缘稳定度及成形质量。

综上所述,仿生微织构在提高工件表面的耐磨、减阻、抗黏附、润滑等特性方面具有较好的研究与应用价值,仿生学思想和方法应用于机械工程领域中,为机械制造装备的设计、研究和应用提供了一些新的思路和研究体系。

第2章 组合型微织构在钻削加工中的仿真研究

2.1 背景及意义

随着《中国制造2025》计划纲领的颁布,我国由制造业大国向制造业强国迈进,制造产业的升级与发展也日趋加快,对加工制造业中所用原材料的性能要求也日趋严苛,材料的强度、密度、抗磨性以及耐腐蚀性等成为使用过程中重要的衡量指标。现阶段应用较多的高性能合金材料主要有铝合金、高温合金、钛合金、镍基合金等。其中钛合金的性能优良,具有热强度高、比强度高、密度较小、抗腐蚀性好、低温性能好、化学性好等特性,钛合金的强度在低温(−200 ℃)或者高温(450~500 ℃)的环境下依然能保持工作所需的强度要求,它还有良好的抗腐蚀性能,导热系数小,化学活性大于空气中的物质在高温环境条件下反应生成一层硬化保护层。因此钛合金在众多的金属材料中脱颖而出,被广泛应用于航空航天、船舶、石油化工、冶金工业和医疗卫生行业之中。

金属切削加工作为日常机械制造过程中最常用的生产方式之一,在加工过程中对刀具切削性能优劣的评价方式有很多,主要包括刀具的切削力、切削温度、工件已加工表面质量和刀具使用寿命等。切削加工实际上也是切屑从所需加工材料表面剥离的一个过程,在这一过程中持续不断的摩擦会使摩擦力增大,功率消耗逐渐增多,使得切削温度也急剧升高,导致刀具和工件材料发生黏结现象而减少刀具的使用寿命。尤其是在切削钛合金过程中,因为钛合金材料导热系数小,并且在加工过程中产生的切削热很难快速地散发出去,容易造成热量的聚集,导致切削温度的急剧升高,在高温、高压环境下刀具与切屑的不断接触摩擦更容易产生黏结磨损,减少刀具的使用寿命。除此之外还有工件表面残余应力、降低刀具表面精度、加工表面硬化也易导致刀具磨损严重,这些问题也会直接导致已加工表面的质量急剧降低。现如今,机械加工日益朝着高速、高效率和高精度等方向飞速发展,金属切削刀具切削性能的好坏将直接对加工的质量和效率产生重要影响,使得整个制造工业的生产技术水平受到影响。因此,为保证工件能够高质量、高效率地完成切削加工,针对如何减缓刀具磨/破损情况的发生,延长刀具使用寿命已然成为金属切削加工领域亟待解决的问题之一。

在金属加工过程中,孔加工通常包括镗孔、铰孔和钻孔等加工,在我们现实生活中小到四驱车马达箱盖、电脑主板固定,大到大型机床的支架与地面、支架与工作部位都需要孔的辅助协作来完成定位连接,诸如此类的典例很多,无可厚非的是广泛运用到各种孔加工的地方很多,任何一种机器的产生,没有孔是做不成的。因此,孔加工在机械加工中占据重要的比重,在所有机械加工工序中占33%,由于钻削工艺工况条件恶劣,散热条件差,排屑困难等,使得刀具磨损严重,刀具使用寿命偏低,钻削加工也是机械加工方法较复杂的。钻削加工的主要工具是麻花钻,它的钻削加工性能的好坏会对孔加工的加工质量和加工效率造成直接影响。现在正常的麻花钻加工存在如下缺点:

(1)沿着主切削刃上面这些点的前角的分布很不合理,在钻心附近切削条件不好。

(2)横刃长度过长,导致负前角很大,轴向力也很大,定心不好。

(3)主切削刃长度过长,这使得切屑的宽度比较宽,还会造成卷屑和排屑比较难,导致容屑空间容易被切屑填满,切削液就被注入至主切削区域。

(4)沿主切削刃的切削层的厚度分布不是很均匀,在最外缘的地方是最厚的,这个地方的切削速度最高,副后角的大小为0°,摩擦很大,导致刃磨损的速度非常快。

(5)钻头的强度和刚度都不高,高速钢材料麻花钻的耐热性能和耐磨性能相对较低。

(6)在钻削加工时,刀-屑和刀-工之间一直都存在相互接触,麻花钻前刀面和后刀面都会产生剧烈的摩擦,会造成大量切削热量的产生,在钻削加工过程中,由于钻头处于一种相对封闭的状态,刀具与被加工件接触紧密(意味着冷却液效果被隔离),导致切削热难以散去,切削热部分只能随钻屑被带走,特别是在工件材料的导热性能差的金属材料(比如钛合金),会增加钻削加工的主钻削区域温度积聚,使得主钻削区域温度急剧上升。这会使得麻花钻磨损程度更加严重,麻花钻的使用寿命就会大大降低。因此,针对现在广泛使用的麻花钻在钻削加工中出现主切削区域散热条件差、刀具磨/破损严重、刀具使用寿命低等问题,提出一种减摩、耐磨、高使用寿命的组合型微织构麻花钻技术,对于提升钻削性能和刀具使用寿命,具有重要的现实意义和广阔的应用前景。

1980年S. M. Rohde首次提出了微观表面非光滑表面具有减少摩擦力作用的方法以来,国内外众多学者对金属切削刀具表面置入仿生微织构进行了研究与探讨。近年来,现代仿生学和摩擦学研究领域通过相关研究和实践发现一些昆虫头部躯壳、蛇类、穿山甲、鲨鱼等盔甲皮层,植物花叶表皮等动植物体表存在一非光滑的微小结构特征形貌单元规律性、有尺寸地分布在它们的体表,抑或是某些部位上,并在适应外界环境时往往其表面比完全光滑表面更为适应,更具有减摩抗磨的效果,这对于刀具表面减小磨损,延长刀具使用寿命引入了新的研究方向。随着激光加工技术和微细加工技术的不断进步,使得在刀具表面制备出一定形貌、尺寸和分布特性的微织构化表面成为了可能,并且重复精度高。通过在刀具表面置入仿生微织构具有储存润滑、容纳磨屑、提高表面润滑承载能力以及减小刀具磨损等优点,已然成为当前摩擦学领域不可或缺的重点研究热点之一。现在,表面仿生微织构的设计与制造在减小摩擦、耐磨性能、减小震动等众多不同的领域都有十分向好的研究前景。

现如今国内外对刀具表面置入仿生微织构技术的研究与应用已然受到众多学者的广泛关注,现有的众多研究成果表明:表面微织构可很大程度地提高刀具的切削性能和刀具使用寿命。但由于我国对微织构研究相对起步较晚,对于微织构的研究与应用还存在一定的不足和很大的发展空间。因此,本书利用表面微织构具有抗磨减摩、降低钻削力和降低摩擦系数等优点,从改善刀具切削加工性能和刀-屑接触情况角度出发,提出在麻花钻的前刀面进行表面微织构化处理。采用有限元方法对传统标准无织构麻花钻和七种不同微织构麻花钻进行钻削钛合金(TC4)仿真研究,从而得出不同钻头对钻削性能的影响规律,并对不同微织构方案进行方案优选,确定具有最佳钻削性能的仿生微织构麻花钻。并通过改变织构参数研究其对钻削性能影响的变化规律,研究结果表明微织构的置入对钻头的累积磨损深度、钻削力、钻削温度等都有比较好的改善效果。

2.2　钛合金 TC4 材料特性及切削加工特性研究现状

2.2.1　钛合金 TC4 材料特性研究

20 世纪 50 年代起,钛合金由于其轻质的性能特点,在航空航天领域备受关注,其特点如下:

(1)耐腐蚀性较好。钛合金在各种工作环境下的耐蚀性远远优于各种结构钢。

(2)密度低,比强度高。一般钛合金的密度相较于普通钢材密度低一半,但是强度相对于钢材更为卓越,尤其适用于对质量和强度要求严苛的航空零件的制造。

(3)热强度高。钛合金的工作温度可达 500 ℃。

(4)低温性能好。钛合金在超低温条件下,仍能保持良好的力学性能。

2.2.2　钛合金 TC4 切削加工特性研究

钛合金虽然有很多优秀的物理性能,但因为它较低的导热系数和弹性模量,以及较高的化学活性,使得大量切削热聚集在切削区域不易扩散,其主要加工特点如下:

(1)切削区域内温度高。钛合金热导率低,在切削加工时热量扩散速率较慢,且生热速率快,造成该区域聚集大量切削热,导致切削温度通常较高。

(2)单位面积上切削力大。由于钛合金弹性模量小并且前刀面与切屑接触面积小,故单位面积上受到的切削力大,工件发生严重变形。

(3)刀具使用寿命短。钛合金对刀具材料具有较强的化学亲和性,在切削温度高和单位面积切削力大的条件下,刀具很容易产生黏结磨损,极大地缩短了刀具的使用寿命。

(4)冷硬现象严重。钛合金长时间暴露在空气中,在其表面会形成氧化物薄膜,导致表面层硬化、塑性降低,切削过程中刀具磨损现象更加明显。

由于切削实验条件较为复杂,切削过程中切削温度、应力、应变等数据很难被准确测量和提取,因此,仿真与实验相结合的方法成为研究与分析切削加工过程的一种有效手段。李友生等研究了不同型号的硬质合金刀具对钛合金切削过程的影响,发现 YG 类硬质合金刀具比 YT 类更适用于钛合金的切削加工,并通过进一步研究得出在切削加工钛合金时,当刀具温度大于 600 ℃时,刀具前刀面开始发生扩散磨损。梁雄等对硬质合金刀具干式切削钛合金时的摩擦性能进行实验分析,结果表明,钛合金干式切削过程中摩擦系数随载荷、温度和相对滑动速度增加均呈现增大趋势,且黏结磨损是硬质合金与钛合金干切削时的主要磨损形式。孙玉晶采用有限元软件 AdvantEdge,构建了硬质合金铣削钛合金的刀具磨损模型,通过将仿真与实验所得的前刀面、后刀面磨损形貌数据进行对比分析,得知该刀具磨损模型能够较好地反映切削过程中刀具磨损变化规律,且预测精度较高。张卫华等针对钛合金加工效率低的问题,利用 ABAQUS 软件建立不同轴向切深侧铣加工钛合金有限元模型,研究表明,在铣削加工钛合金过程中,适当增大轴向切深的方法有助于保障钛合金加工精度和提高铣削加工效率。

同时由于切削加工参数的不合理选择,导致 TC4 加工表面质量差和加工效率低的现象。因此,许多学者对 TC4 切削加工过程进行参数优化的研究。Shah 等探讨切削用量三要素和刀尖半径对表面粗糙度、切削温度和切削力响应值的影响,并用 Matlab 遗传算法工具箱对上述响应值进行优化。得出优化后最小铣削力为 12 kgf,最小表面粗糙度为 0.307 μm,最低铣削温度为 43.1 ℃。Kadam 等采用响应曲面法和田口分析法确定工艺参数对铣削温度的影响规律,通过 GA 算法对钛合金切削温度预测模型进行优化以获得最低切削温度。王凤娟等基于模拟退火算法对切削过程中的参数变量和优化过程进行了相关研究。Akkus 等通过钛合金车削实验,对实验过程中的表面粗糙度、振动和能耗进行研究。确定进给速度是影响表面粗糙度、振动和能耗的显著因素,并对建立的高准确率田口预测模型进行估算,以获得最佳参数。

综上所述,已有大量学者对钛合金材料属性和切削加工属性进行了相关研究,在钛合金切削仿真与试验研究、遗传算法对切削参数优化研究取得了一定的研究成果,都为本书的研究提供了一定的参考和方法借鉴。

2.3　麻花钻研究现状

目前,国内外学者对麻花钻也进行了大量的相关研究,研究主要集中在对各种麻花钻钻头数学模型的建立、麻花钻钻身的几何结构、麻花钻钻削加工的模拟仿真研究以及各种麻花钻钻削性能变化规律研究等方面。

2.3.1　麻花钻数学模型与结构研究

在过去几十年里,许多学者对钻头的数学模型和模型分析做了大量的深入研究,其中 D. F. Calloway 学者研究推导出了麻花钻前刀面的参数方程,开启了麻花钻的数学模型的研究进程。在对麻花钻刃磨原理分析方面,我国学者李超建立了具有非直线刃的回转双曲面麻花钻数学模型。麻花钻三维模型如图 2.1 所示。

图 2.1　麻花钻三维模型

钻削属于复杂机械加工工艺之一,在机械加工工艺中占据较高的比重,随着对加工效率和钻削性能的要求越来越高,学者们对钻削刃性能的研究也越来越受到关注。目前对于麻花钻的结构改良具有以下 3 种:倪志福与刘亚敏具有"三尖七刃"结构相对复杂的群钻;法国雷诺和标致两大汽车公司发明的具有降低钻削力,提高刀具寿命的三倾角钻头;能有效降低轴向力的无横刃钻头等。这些钻头结构的出现大大降低了钻削力和扭矩,提高了刀具使用寿命并能很好地起到利于排屑的作用。目前麻花钻结构依然存在一定的不足和局限性,例如群钻结构的复杂性,需要人工不断精细修磨,难以批量生产投入使用;无横刃钻头定心差、使用范围小等。

2.3.2　麻花钻钻削性能及钻削仿真研究

邓大松等人利用 Deform-3D 有限元分析软件对沟槽微织构麻花钻钻削 45 钢的钻削性能进行了仿真研究。在相同条件下,分别模拟传统无织构麻花钻和表面微织构麻花钻在钻削过程中的钻削力、钻削温度、钻头磨损和钻屑形态。研究结果表明,微织构的置入能够有效降低钻削力、改善麻花钻前刀面温度分布和减少钻头磨损。白亚江等人基于 Deform-3D 有限元仿真软件模拟了高速钢麻花钻钻削 45 钢的过程,通过仿真结果可知钻削温度和钻头扭矩随着钻削速度的增加而增加。朱凌云等利用有限元法建立了硬质合金麻花钻加工 45 钢的仿真模型,仿真结果表明钻削过程中钻头的轴向力趋于平稳,扭矩随着钻削过程的进行逐渐增大。汪建鸿等人建立了锥面后刀面标准麻花钻的三维模型,并利用有限元研究了麻花钻结构的静态和动态力学特性,通过 Deform-3D 软件进行钻削过程的模拟仿真研究,分析了麻花钻在不同工况下的切削载荷和温度载荷。张少文等使用直径为 5 mm 高速钢麻花钻进行了钻削 40Cr 试验,试验结果表明麻花钻的主要磨损和破损形式是主切削刃前后刀面磨损、横刃磨损、转角磨损和崩刃,其中主切削刃外缘转角处的前角最大,切削速度最快,切屑在前刀面的流出速度快,在此种情况下由于强烈摩擦会形成严重的转角磨损。随着钻孔数量的增加,麻花钻磨损严重,已加工孔的直径减小。

2.3.3　仿生微织构研究现状

1. 表面仿生微织构的研究现状

目前,仿生减阻技术越来越备受关注。科学家们在研究有些生物在长期进化过程中,其体表会形成一种独具特色的形状和功能的几何非光滑结构单元,以保护机体不受外界或者天敌损害并与其生活环境和习性相适应,使得它们在工作摩擦过程中能够获得最低限度的摩擦阻力和体表磨损损耗。结合出淤泥不染的荷花效应由此激发了人们对非光滑表面减阻理论为工程实践提供了新的应用探索方向,同时也为人类史上的各种新潮思想和发明创作提供了灵感与源泉。譬如:人类通过观察鱼的形状与其鱼鳍在水里的运动状态,发明了船和船桨;根据鸟类飞行滑翔的特点,创造了飞机等,如图 2.2 所示。

为了便于仿生微织构的研究和应用,将蜣螂头部、荷叶扫描电子显微镜下毛糙的"疙瘩"、鲨鱼的表皮、蛇鱼类的鳞片、穿山甲的甲型以及蜣螂胸节内部按照不同的织构进行了定义和分类,可见凸包型、细长条形、鳞片型、凹坑型四种研究最多,其中几种动植物非光滑体表如图 2.3 所示。

根据细长条槽、微坑、凸包、鳞片等四种非光滑表面结构参数不同,对其进行简略绘制以便易于研究,四种非光滑表面的简化模型如图 2.4 所示。

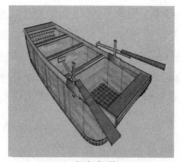

(a) 船与船桨

(b) 人造飞机模型

图 2.2　最早的仿生发明

(a) 鲤鱼鳞片型非光滑表皮

图 2.3　几种动植物非光滑体表

(b) 鲨鱼沟槽型非光滑表皮

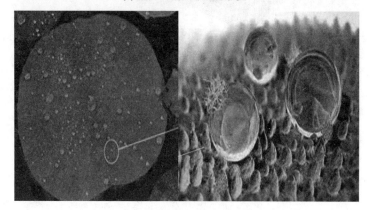

(c) 荷叶凸包型非光滑表皮

续图 2.3

(a) 细长条槽

图 2.4 四种非光滑表面的简化模型

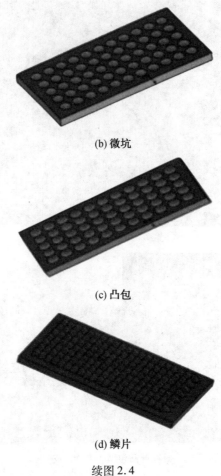

(b) 微坑

(c) 凸包

(d) 鳞片

续图 2.4

2. 表面仿生微织构刀具研究现状

表面仿生微织构刀具可以通过激光、光刻、掩膜、超精密等多种加工方式在刀具的前后刀面制备出有一定结构、形状、尺寸和一定规律顺序排列的微小织构模型。微织构刀具对减小摩擦、减少切削力和切削温度,以及提高表面承载能力,通过改善刀具与被加工件的半封闭和润滑状态,进而改善刀具钻削性能,降低磨损,提高刀具寿命具有重要的促进作用,仿生微织构刀具简图如图 2.5 所示。

日本的 Oikawa 等人在切削铝合金试验中于硬质合金车刀的前刀面运用光刻加工技术制备了四种不同结构(图 2.6)的仿生微织构,发现四种微织构刀具对切削力与磨损均有所降低,并发现平行于主切削刃的结构效果尤为突出。

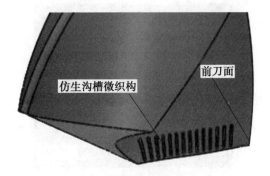

图 2.5　仿生微织构刀具简图

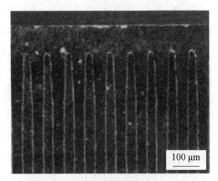

(a) 垂直型沟槽

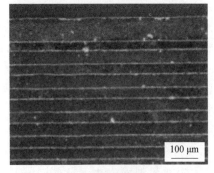

(b) 水平型沟槽

(c) 微坑

图 2.6　刀具表面微织构形貌

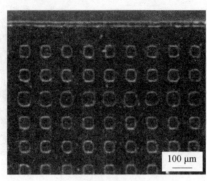

(d) 凸包

续图 2.6

　　美国 Shuting Lei 等人提出运用有限元方法对置入织构的车刀前刀面(硬质合金刀具)进行力学性能分析,然后利用光刻技术制备了前刀面微小凹坑,并对其进行油润滑,最后通过试验发现与普通刀具相比较,前刀面只有微小凹坑织构的刀具的平均切削力减少了 10% ~ 30%,与刀屑的接触长度约减少了 30%。试验证明,在置入微织构的车刀前刀面加润滑剂对切削的效果相当好。

　　Kawasegi 等人在车刀表面横竖切削流位置上利用光刻技术在硬质合金车刀上制备沟槽型微织构,通过切削试验发现,由于微织构的存在其加工过程中切削力均有所降低,实验得出在切削加工下与切削流竖直方向的微织构效果最好;而与切削流横向分布的微织构的效果相对来说就不是很好了。

　　Koshy 等人在润滑条件下切削铝合金的实验中,其实验中表面仿生微织构是采用电火花加工通过冷热熔化人为使得织构规律性分布在前刀面上,再对其进行连续性和间隔性的切削实验,实验分析证明表面仿生微织构刀具具有有效降低切削力的作用,最后通过分析得出其原因主要是微织构具备渗透并能够储存适量切削液。

　　近十几年来,随着表面微织构工作的独特机理、先进的加工技术及其优异的减阻、提高能源利用率、延长机械使用寿命并实现低碳经济等尤为明显的性能。我国在对其研究的漫长历史行程中,也逐渐出现许多卓绝的成绩。如山东大学的吴泽、邓建新等人对置入微织构的硬质合金刀具进行无润滑车削淬火 45 号钢的切削实验,实验结果如图 2.7 所示,结果表明置入微织构的车刀能够降低切削阻力和减少刀具磨损损耗,其中与切削刃呈竖直排列的微织构效果尤为显著。安徽大学的王秀英等人通过正交实验对不同沟槽参数和织构排布分析硬质合金材料刀具干车 45 钢的切削性能,实验得出比刀具置入表面仿生微织构对切削力有明显的降低效果,由于织构的置入润滑油得以储存使得加工中刀具与切屑得以二次润滑,进而润滑油与切屑产生了流体动压力,证明表面微织构在润滑的条件下增强润滑油效果极为显著,经过一系列的实验后,通过结合拉刀的结构特点以及表面微织构在车刀上的作用机理,提出利用在拉刀前刀面置入微织构并导入 ABAQUS 进行仿真模拟分析其拉刀加工性能的方案。

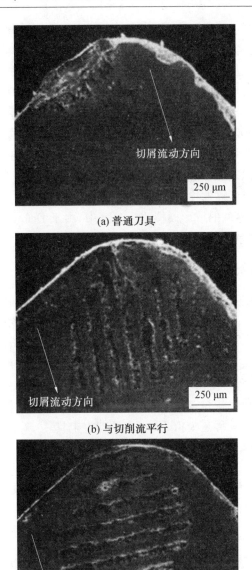

(a) 普通刀具

(b) 与切削流平行

(c) 与切削流垂直

图 2.7　普通刀具与微织构刀具前刀面的磨损图

2.4　Deform-3D 软件的介绍与仿真模型的建立

2.4.1　Deform-3D 软件的介绍

在 20 世纪 80 年代,加州大学伯克利分校的 Kobayashi 实验室在当时美国军方的强力支持下开发出有限元软件 ALPID,它是 Analysis of Large Plastic Incremental Deformation 的英文首字母缩写。实验者又基于该软件的基础上于 20 世纪 90 年代初开发出了最初的 Deform-2D 软件。其典型的应用包括锻造、摆辗、轧制、旋转、拉拔与其 3D-cutting 中的车削、铣削、铰孔、钻孔等成形仿真模拟手段。除此之外,Deform-3D 具有能够分析金属成形过程中多个关联对象耦合作用的大变形等强大的模拟引擎,其系统中灵活的四面体网格以及六面体网格在任何必要时可以自行触发 Remeshing 网格重划生成器对推出运算的 DB 进行优化网格的重新划分,使其运算更加稳定迅速。而且,在运行需要比较高精度的区域,Deform 前处理可以对其重新权重局部精细网格,从而降低不必要的 New Problem 模具的运算规模,提高模拟运算的稳定性,并使得整体计算效率大大提高。据报道可知,在国际仿真领域范围复杂零件的成形模拟招标演算中,由于 Deform-3D 一直秉持数据准确性和可靠性应运而生的原则。

2.4.2　Deform 的适用范围及对象

有限元在军工、医疗器械、机械工程等各大领域都有其至关重要的功能地位。其种类众多如 Deform、Ansys、Abaqus、Adina 等仿真软件,它们在不同的领域有其相通之处也有各自的优势及特点,像 ANSYS 是通用结构分析软件,Adina 和 Abaqus 同样是非线性分析软件,而 Deform 是具有一套工艺模拟系统、储存丰富的材料库(几乎包含了所有常用材料的弹/塑性变形数据、热能及热交换数据、硬化材料数据、晶粒长大数据和破坏数据)、多种迭代方法(直接迭代法和牛顿拉森法)的有限元系统(FEM),不仅鲁棒性好,而且易于使用,总而言之 Deform-3D 软件是模拟 3D 材料的理想工具。

Deform-3D 具有完善的 STL、SLA 等格式的 CAD 和 CAE 接口,其操作起来较为浅显易懂,工程师傅可以借助计算机通过三维软件设定模型提出工艺流程并模拟整个金属切削的过程,从而可以减少许多昂贵的试验成本。通过 CAE 技术的应用和运算效率的提高,从而降低生产和材料的成本,提高了产品质量,缩短了新型产品的研发周期,更重要的是获得更好的经济效益,赢得更宝贵的时间。

2.4.3　Deform 三维软件的特色功能

Deform-3D 可以对复杂的零件、磨具进行三维流动分析,并能提供适用于冷热温成形的大量工艺数据分析,如材料流动、磨具应力(最大应力、等效应力等)、晶粒流动、金属刀具微织构和破坏数据分析等。Deform 软件可以通过 Pre-Processor 处理边界条件还可以对复杂零件进行自动网格划分,要求精度高的区域可以通过局部细化,从而保障计算精度要求,是一个集成多种材料模型(刚性、弹性、塑性、弹塑性、粉末等)、成形、建模、热传导综合性的三维模拟仿真软件。

2.4.4　Deform-3D 软件的功能模块

Deform-3D 软件主页面(图 2.8)由 Pre-Processor、Simulator 和 Post-Processor 三大模块结构组成。其仿真模块主要包括 8 个过程:材料温度属性设定、几何模型建立、网格划分、运动参数的定义和边界条件、材料性质、求解和后处理。

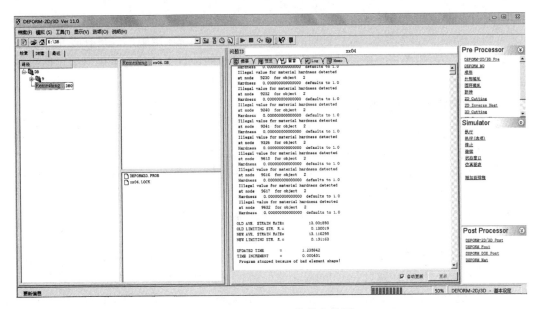

图 2.8　Deform-3D 软件主界面

1. 建立几何模型

一般情况下有限元分析软件都自带一些比较简单的几何模型,从而满足初学者对简单模型结构仿真分析的需求。形如锻造的上下模和模拟件的 KEY 文件及三维模拟麻花钻的简单模型(图 2.9),均可供技术人员参考使用。而包含自由曲面曲线的模具,就需要

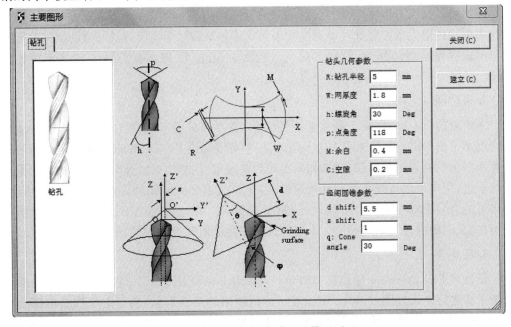

图 2.9　Deform-3D 自建刀具模型页面

利用二维的 CAD 和三维的 Pro/E 或 SolidWorks 进行外部建模,再通过常用的接口包括: IGES、STL、VDA 等读入模型,最后针对有些模型出现曲面重叠、缝隙不满足有限元的正常要求,所以导入后需要进行缺陷检查,几何清理不必要的计算量之后方可供三维软件正常运行。

2. 建立有限元分析模型

首先,需要针对新建立的 New Problem(新提案)几何结构进行离散化网格划分,根据 New Problem 要求的几何结构和受力情况有针对性地给几何体进行整体单元化操作。一般三角形单元网格和四面形单元网格的几何适应性比较强,但计算精度偏低,而四边形和六边形单元克服了这项缺陷其计算精度比前者要高得多,然而对于复杂的几何体四边形和六边形单元在运算的过程中出现 REMESHING 停滞不前的情况导致运算难以对其自动剖分。

其次,用户根据预先要求的工艺流程参照材料物理性能(如密度、热容、热传导系数、弹性模量和泊松比等)再对 New Problem 几何结构选择材料模型,例如对于热锻造 New Problem,应选择黏塑性模型;对于冷锻造 New Problem,应选择损伤模型;对于冲压成型 New Problem,应选择塑性各向异性材料模型,等等。

最后,根据不同成型方法,选择不同求解算法,例如对于纯静态成型,则选用静力算法求解;对于高速运转成型,则选用动力算法求解;对于不易收敛的静态成型,可用动力算法求解;而体积成型的模型,为了减少计算量,提高精度要求,应选用刚塑性有限元法。

3. 定义刀具和边界条件

用户可以采用对称性条件,对刀具工件进行 xyz 方向的约束,以及热分析中温度变化情况需要用过边界条件定义环境温度和表面热传导系数。而定义刀具便可解决外界导入模具的位置和运动错乱的问题,并对其进行接触校正、摩擦数据的输入和其他参数的定义。

4. 求解器

求解阶段(图 2.10)属于高度非线性性质,需要一段漫长持久的时间,通常 Running 的情况下推出 DB 文件是无须人为干预的,用户可以通过 Process Monitor 窗口随时对检查计算所得出的结果进行追踪监控,如果出现异常现象,用户也可以及时停止运行。如果途中终止过,用户可以从终止时刻开始运行,以免造成不必要时间的耗费。在塑性成形中,网格可能会发生畸变、重叠,出现 Remeshing 的情况。在这种情况下,软件会自行重新划分网格,从而确保计算的准确性。本书默认采用稀疏矩阵求解法,如图 2.11 所示。

5. 后处理

后处理 Post Processor 中点击"Deform-3D/2D Post"(图 2.12),主要是呈现对 Deform 大量运算之后庞大数据的解释,用于显示运行结果的变形形状、模型的工作磨损深度云图、工件寿命图、温度变化曲线和应力-应变云图等动画显示,用户可以根据需求对其进行点面追踪,获取信息抽取数据等。

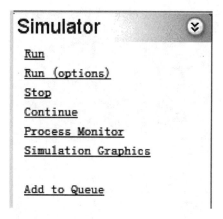

图 2.10　Deform 仿真监控及求解界面

图 2.11　Deform 求解器的选择

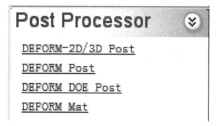

图 2.12　Deform 后处理进入界面

2.4.5　Deform 三维仿真模型的建立

1. 几何模型和网格划分

根据本书题目研究对象主要为麻花钻与圆形工件台面,为了方便运算提高运算准确性,钻削时微织构有足够的表面与工件接触,因此定义工件为塑性材料,直径 $D =$ 13.33 mm,高 $H=6$ mm 的圆柱体。

Deform-3D 具有相对网格划分和绝对网格划分,两种方式均是采用自适应性的网格划分技术给仿真模型进行网格划分的,高质量的网格划分可以节省不必要的计算时间,提高运算的准确性,因此为了能够明显在网格中表达微织构的形状,防止过大网格单元会破坏微织构,本书的工具工件均采用相对划分网格的方式,即麻花钻的尺寸比为 6,网格元素为 60 000 个,前刀面微织构处为了减少运算量在织构上引用两个最小网格尺寸为 0.1 mm 的 Window 将其局部细化;设置工件的最大单元与最小单元的尺寸比为 0.1,网格划分如图 2.13 所示。

图 2.13　网格划分图

2. 材料模型和切屑分离准则

　　材料的选择以及准确地描述材料的变形状况是有限元数值仿真模拟的基础。本书所采用的工件材料是最被广泛运用的 Ti-6Al-4V（即 TC4）钛合金（Titanium alloys），而钛合金在加工过程中弹性模量小,约为钢的 50%,对于去除后的表面易反弹,易与刀具后表面产生剧烈的摩擦;其塑性低、硬度高易与切削刃磨损;化学活泼性大,高温时钛易与空气大部分成分发生反应,产生间隙固溶体,生成硬度很高的硬质层磨损刀具;金属亲和力大,工具材料易与钛元素互相亲和,产生黏刀、咬合等不良现象,因此,在选择刀具材料方面要求有一定的硬度和耐磨性,与钛合金的亲和力差又能提高切削速度和进给、延长刀具寿命、提高生产效率,Deform 材料库中更为可靠,工件和材料的物理性能参数如表 2.1 所示。

表 2.1　工件和材料的物理性能参数

材料	性能			
	杨氏模量 /GPa	泊松比	热传导率 /(N · s^{-1} · mm^{-1} · ℃$^{-1}$)	常温温度 /℃
TC4	不考虑	0.31	1	20
TiAlN	440	0.23	30	20

　　金属加工过程是一个极其复杂的非线性问题,运算伴随着工件材料被不断分离的过程。简言之一个能够真实反映切削性质的分离准则,才能够合理地反映金属加工的结果。加工的过程材料是既有弹性变形,也会有塑性变形的。本书考虑到工具工件的材料模型分别赋予他们不同的等向性分离准则,公式如下:

　　麻花钻采用幂指数规则为

$$\bar{\sigma} = c\,\bar{\varepsilon}^{n}\,\dot{\bar{\varepsilon}}^{m} + y \qquad (2.1)$$

　　工件台采用表格形式为

$$\bar{\sigma} = \bar{\sigma}(\bar{\varepsilon}, \dot{\bar{\varepsilon}}, T) \qquad (2.2)$$

式中　$\bar{\sigma}$ —— 变形应力；

　　　m —— 应变率指数；

　　　$\bar{\varepsilon}$ —— 等效应变；

　　　n —— 加工硬化系数；

　　　$\dot{\bar{\varepsilon}}$ —— 等效应变率；

　　　c —— 材料常数；

　　　y —— 起始屈服值；

　　　T —— 温度。

3. 边界条件的定义

如图 2.14 所示,为模拟件与下模的边界定义界面,由于仿真模拟的产生既是来源于现实又是实用于现实并与之相互吻合的,金属加工工程通常伴随着剧烈的震动,因此被加工工件需要施加完全边界约束限制所有自由度;麻花钻的工作方向沿着 $-Z$ 轴方向指向工件几何中心。对流系数为 0.02 N/s/mm/℃ ,设定转速为 $n=12.56$ rad/s (即120 r/min) ,进给量为 0.2 mm/r。设定在常温 200 ℃ 条件下干钻,工件与刀具在仿真模拟的摩擦类型采用剪切摩擦系数,分别为工具 0.6 和工件 0.7。热传导系数如表 2.1 所示。

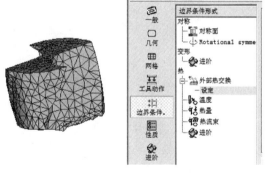

(a) 模拟件边界形式

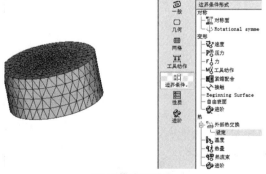

(b) 下模边界形式

图 2.14　模拟件与下模边界条件形式示意图

4. 仿真控制设定和刀具磨损模型

Deform-3D 在模拟仿真控制设定中,有 SI(国际标准)和 English 两种单位指标,为了便于运算本书设置为国标 SI。通常在定义足够模拟总步数的情况下,仿真会一直进行下去直到加工到指定本书钻削深度为 5 mm 位置为止,反之步数太少不足以达到预测目标位置,则达到设定步数便会自动停止运行,因此为了达到要求,确保结果的准确性,避免不必要的运算时间长,本书设定试验仿真总步数为 6 666。由于步长的确定兼顾着求解精度和效率,若步长太长可能导致网格迅速蜕变,使得仿真运算的精度大幅降低,甚至影响到速度解的收敛,而步长太小,能保证高的计算精度,但带来了不必要的计算时耗,降低仿真效率,因此步长不宜太长也不宜太短,取时间步长经验值 0.02 s 即可。步数增量影响计算精度一般取总步数的 1/10,为了节省时间确保精度运算本书设为 20,即为每运行 20 步保存一次模拟数据。迭代法的选择中考虑到收敛性问题,牛顿拉森迭代具有强的速度收敛性,而当计算不能即时收敛时,模拟仿真便会自动调用直接迭代法进行运算,因此本书仿真选用直接迭代法,如图 2.15 所示。

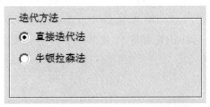

图 2.15　迭代法选择

Deform-3D 在模拟控制模具磨耗中具有 Archard 模型和 Usui 模型两种可用的磨损模块。Archard 模型通常适用于不连续加工,如冷(热)锻等;而 Usui 模型在连续加工方面更适合金属切削,是定性模拟分析,Usui 的数学公式如式(2.3)。但是 Archard 模型更适用于反映硬质材料对软质材料摩擦过程软质材料的磨损状况的分析,其是定量分析,故本书采用 Archard 磨损模型对刀具的磨损进行预测。其数学运算表达式如式(2.4)所示。

$$w = \int apV\mathrm{e}^{-b/T}\mathrm{d}t \qquad (2.3)$$

式中　w——累积磨损量;

　　　p——工作压力;

　　　T——绝对温度;

　　　$\mathrm{d}t$——时间增量;

　　　V——钻头相对速度;

　　　a——常数,取经验值 $a = 0.000\ 000\ 1$;

　　　b——常数,取经验值 $b = 855$。

$$w = \int K\frac{p^{a}v^{b}}{H^{c}}\mathrm{d}t \qquad (2.4)$$

式中　p——接触压力;

　　　v——相对速度;

　　　$\mathrm{d}t$——时间增量;

a—— 由试验数据决定系数,取经验值 $a=1$;

b—— 由试验数据决定系数,取经验值 $b=1$;

c—— 由试验数据决定系数,取经验值 $c=2$;

K—— 由试验数据决定系数,取经验值 $K=0.000\,002$。

2.4.6　小结

本章针对软件操作界面的复杂程度,以及软件鲁棒性能、数据准确性和可靠性,鉴于数据模拟更贴切实际加工真实值,最终选择了 Deform-3D 有限元仿真模型;并采用有限元仿真软件的前处理界面通过材料温度属性设定、几何模型建立、网格划分、运动参数的定义和边界条件、材料性质几个板块最终建立三维有限元仿真模型,其中包括被加工件与微织构刀具的网格划分、材料模型与切屑分离准则的设定,以及选取 Archard 作为摩擦磨损模型,为后续钻削过程模拟仿真奠定理论基础。

2.5　仿真结果与分析

2.5.1　概述

材料的切削性能是多方面的,因此其评价指标也会存在很多种。在钻削工艺中,钻头与被加工工件所形成的矛盾统一体,一般来说钻头是矛盾的主要方面,但钻头在加工过程中也伴随着转化。因此在仿真模拟过程中,既要研究刀具的变化,另一方面工件材料模拟过程中的切屑变形与摩擦运动决定着钻削力和切削热;钻削热又影响着钻削温度和硬质层的变化;而积屑瘤与钻削温度存在着密切的关系,就是诸如此类的环环相扣的关系链,证明在研究麻花钻钻头钻削力与钻头磨损的同时,材料的切屑形貌与温度变化也是在研究对钻削性能的变化规律与计算方法中极为至关重要的评价指标和举足轻重的研究需求。

2.5.2　通过分析七种不同结构参数微织构选出最优参数方案

本书采用单一变量分析法,通过对不同形状微织构进行仿真分析,提供麻花钻钻削力、钻削温度、钻头磨损深度和钻屑形貌变化状态和影响规律,设计了七种不同表面微织构麻花钻模型(图 2.16),分别为 T0(传统无织构)、TG(条形沟槽)、TY(圆形凹槽)、TS(四边形凹槽)、TJ(三角形凹槽)、TGS(条形沟槽加四边形)、TGJ(条形沟槽加三角形),麻花钻模型参数如表 2.2 所示。

表 2.2　不同形状织构的几何参数(μm)

序号	麻花钻编号	织构宽度	织构中心间距	织构深度
1	T0	0	0	0
2	TG	50	150	50
3	TY	50	150	50
4	TS	50	150	50
5	TJ	50	150	50
6	TGS	50	150	50
7	TGJ	50	150	50

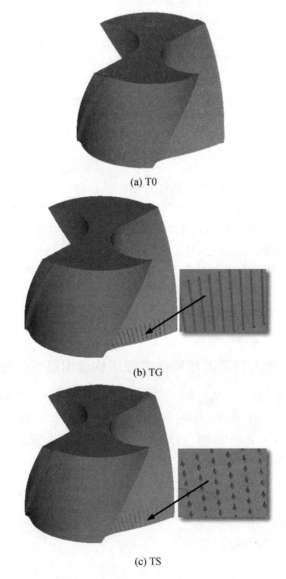

(a) T0

(b) TG

(c) TS

图 2.16　微织构麻花钻三维模拟模型

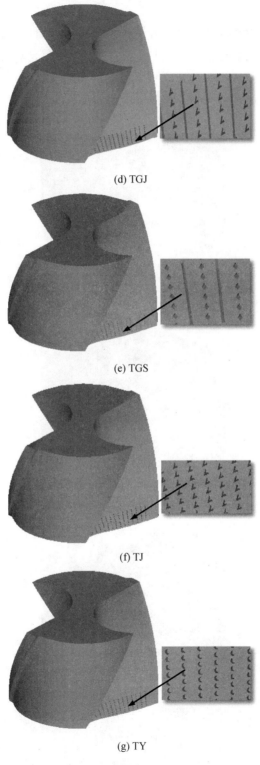

(d) TGJ

(e) TGS

(f) TJ

(g) TY

续图 2.16

1. 钻削过程

钻削模拟仿真过程如图 2.17 所示,在后处理界面中,刀具绕着几何中心轴以一定角速度对着工件做定轴旋转进给运动,在模拟仿真过程中其实就是对网格进行仿真模拟运算。

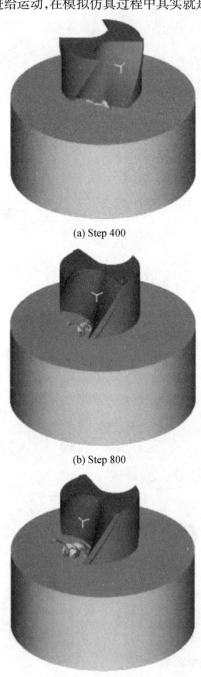

(a) Step 400

(b) Step 800

(c) Step 1 200

图 2.17 钻削模拟仿真过程

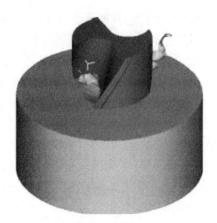

(d) Step 1 600

续图 2.17

通过各个节点不断"分离—合成—分离—合成",在前刀面钻削的作用下钻屑与工件表面不断发生分离,其钻屑随着旋转的同时钻屑弯曲变形直至从工件表面中脱离出来,实现了完整钻削效果。因此前刀面与工件相接触的边缘为主切削刃(即主切削运动方向)。

2. 钻削力

在金属加工过程中,钻头与钻屑之间的相对运动使得工件的材料产生塑性流动,钻屑之间的摩擦力公式可以表示为

$$F_f = A_r \tau_c = a_w l_f \tau_c \tag{2.5}$$

式中　A_r——钻屑实际接触前刀面面积;

　　　a_w——钻削宽度;

　　　l_f——钻屑实际接触长度;

　　　τ_c——刀具前刀面剪切强度。

切削过程中切削力的三向分力可以表示为

$$\begin{cases} F_x = \dfrac{F_f}{\sin \beta}\sin(\beta - \gamma_0)\cos(\psi_r + \psi_\lambda) = a_w l_f \tau_c \left(\cos \gamma_0 - \dfrac{\sin \gamma_0}{\tan \beta}\right)\cos(\psi_r + \psi_\lambda) \\[3mm] F_y = \dfrac{F_f}{\sin \beta}\sin(\beta - \gamma_0)\sin(\psi_r + \psi_\lambda) = a_w l_f \tau_c \left(\cos \gamma_0 - \dfrac{\sin \gamma_0}{\tan \beta}\right)\sin(\psi_r + \psi_\lambda) \\[3mm] F_z = \dfrac{F_f}{\sin \beta}\cos(\beta - \gamma_0) = a_w l_f \tau_c \left(\sin \gamma_0 + \dfrac{\cos \gamma_0}{\tan \beta}\right) \end{cases} \tag{2.6}$$

式中　β——摩擦角;

　　　γ_0——前角;

　　　ψ_r——余偏角;

　　　ψ_λ——流屑角。

图 2.18 为传统标准无微织构刀具 T0 与各形状织构麻花钻在相同条件下干钻钛合金(TC4)进程,钻削力随着钻削深度变化截取 0~0.9 mm 深度的曲线。如图 2.18 所示,由于模拟仿真与现实相吻合,图形呈现两种阶段即凸起初始阶段(图中可看出为 0.360 mm 之前的波动曲线)和平缓稳定阶段(图中可看出为 0.360 mm 之后波动曲线)。当仿真开

始钻头刀尖横刃从零接触面下降与钛合金材料平台接触时,钻削力急剧上升到一定高度再局部下降,最后再随着切削深度的增加,钻削力便会趋于一个稳态波动范围进入稳定状态。试验曲线图中曲线波动颇大,存在极为明显的异常值点,这是由于模型在仿真模拟中结构相对复杂而其网格又密集使其运行中自动 remeshing(即重新生成网格)的时候,网格细小节点产生分离和畸变所造成的网格突变化,但对曲线变化趋势影响不大;而另一种譬如 TGS 织构麻花钻的图形中 0.468 ~ 0.504 mm 之间存在较大范围异常突变,这是由于模拟运算时遇到的恶意停滞和多层运算导致,其使得后续磨损值等增大影响实验的真实性。图中可以看出织构钻头刚没过织构时 T0 变化曲线最大波动应力最大,各织构麻花钻最大应力均有所降低,其中 TGJ 位于 1 120 N 之下,观察在 0.360 mm 之前,初始阶段波动最大值位于 0.180 mm 附近,T0 传统无织构刀具以缓慢的坡度下降,而 TG、TY、TGJ、TGS 等织构麻花钻由于在 0.183 6 mm 位置开始接触微织构使其下降速度有着骤减的趋势且在 0.360 mm前趋于稳定状态,而传统无织构麻花钻 T0 则是在 0.360 mm 之后趋于稳定,在趋于平缓阶段时,在 280 N 附近波动相对 TG、TY、TGJ、TGS 等大得多,且末尾有上升趋势,期间突变值相比织构麻花钻大得多,突变范围也大得多,而织构钻头呈现下降趋势。

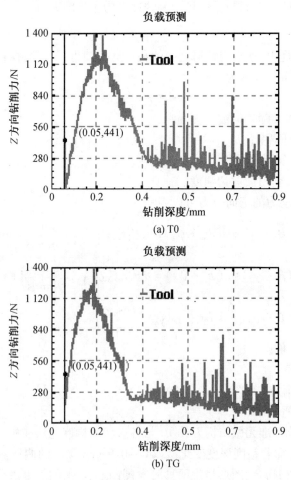

图 2.18　麻花钻钻削力曲线

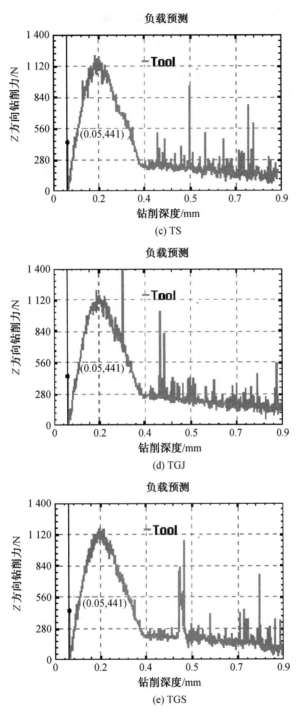

(c) TS

(d) TGJ

(e) TGS

续图 2.18

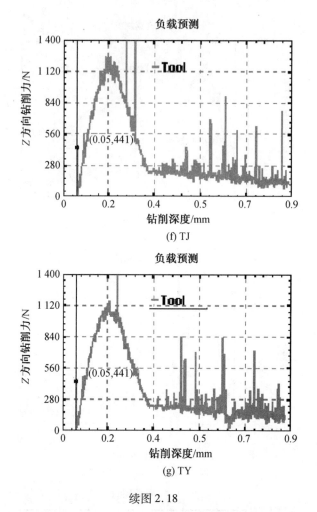

续图 2.18

　　图 2.19(七种麻花钻提取相同 16 个点得出的平均钻削力图)为提取传统无微织构麻花钻以及六组织构麻花钻在干钻钛合金(TC4)钻削深度为 0~0.9 mm 内各个小区间的平均值做的整体钻削力示意图,通过此图可以看出传统无织构麻花 T0 整体波动幅度较大,置入表面仿生织构的麻花钻的钻削力波动均比传统无织构麻花钻低,从图中可知 TG 降低19.325%,TS 降低了 19.424%,TGS 降低了 24.721%,TJ 降低了 21.239%,而 TY 降低26.803%,其中图中组合织构 TGJ 降低得最多为 26.911%,而且其钻削特性无巨大突变区域,钻削过程相对 TY 稳定。分析讨论证明,其主要原因是织构的置入减少了金属刀具与材料的接触面积,从而减少其钻削阻力,达到改善钻削力的作用,降低了模拟过程中的钻削力。

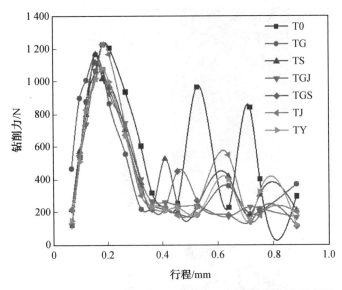

图 2.19　各麻花钻钻削深度 0～0.9 mm 区域平均钻削力示意图

3. 钻削温度

图 2.20 为传统无仿生微织构 T0 与各织构麻花钻 TG、TS、TY、TGJ、TGS 等在模拟运行没过微织构 0.82 mm 之后前刀面温度场变化的模型图。T0 麻花钻中由于模拟件为双刃麻花钻,当刃部与材料发生碰撞剪切时,材料与金属刀具接触的部分产生弹性变形进而发生塑性变形,从产生大量钻削的热量(即切削热),再通过热传递的原理在不同温度的情况下使得金属刀具的主切削刃附近产生明显的如图中红斑的高温区分布区域,显然刀具前刀面呈现温度梯度分布,最高温度集中在主切削刃附近(如图红斑部位最高,橙黄其次,等等)。与之相比微织构麻花钻 TG、TS、TY、TGJ、TGS 等,红斑区呈现模拟中规律向织构位置扩散开来,并没有形成集中高温切削区,且相同位置下织构麻花钻相比 T0 传统麻花钻温度要小得多。

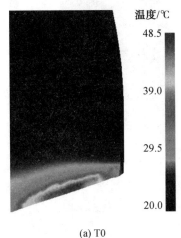

(a) T0

图 2.20　麻花钻前刀面温度分布图

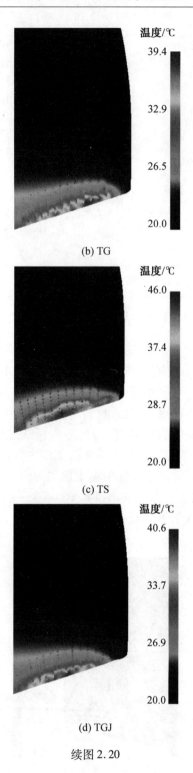

(b) TG

(c) TS

(d) TGJ

续图 2.20

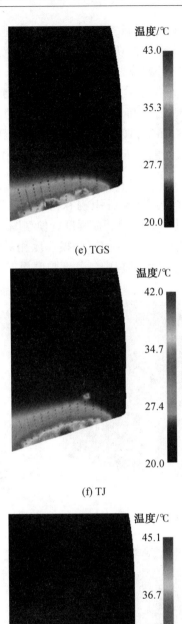

(e) TGS

(f) TJ

(g) TY

续图 2.20

　　通过讨论分析,热源很可能是钻头钻削部分与材料高速运动时相接触后接触面互相摩擦产生,而微织构的置入减少了刀具切削部位与刀屑的接触时间以及减少接触面积的原因,降低了接触摩擦系数,从而减少摩擦热量的产生;由于材料与织构切削部位接触时,织构与材料发生摩擦,产生摩擦热,故高层温度主体是扩散到织构附近的形式显示,且相对于 T0 传统麻花钻,由于沟槽存在的间隙原因,织构钻头的散热面积较大,组合织构 TGJ 与 TG 相对最小,TG 下降了 18.76%,TGJ 下降了 16.29%,因此刀具主切削刃部位并没有高温集中区。证明织构的置入对前刀面温度分布有改善的作用。

4. 磨损深度

　　图 2.21 为传统无仿生微织构 T0 与各织构麻花钻 TG、TS、TY、TGJ、TGS 等在模拟运行没过微织构 0.82 mm 之后前刀面累积磨损程度的模型图。从图 2.21(a) T0 中看出,麻花钻前刀面切削部位磨损成微小阶梯状排布,磨损程度相对织构麻花钻较大且大面积集中分布在主切削部位,这是由于钻削过程中各种磨粒磨损等机械摩擦,及刀具切削刃与切

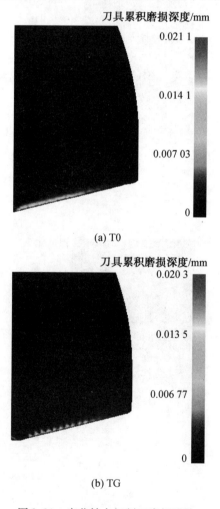

图 2.21　麻花钻主切削刃磨损形貌

刀具累积磨损深度/mm

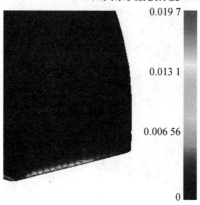

(c) TS

刀具累积磨损深度/mm

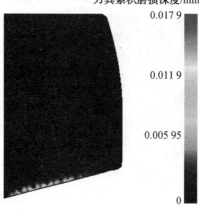

(d) TGJ

刀具累积磨损深度/mm

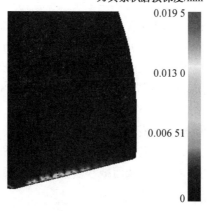

(e) TGS

续图 2.21

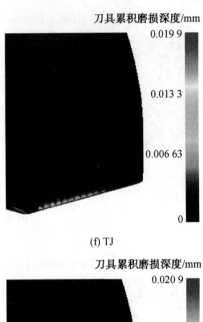

(f) TJ

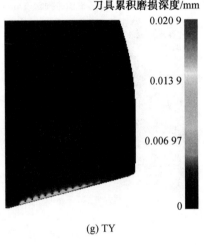

(g) TY

续图 2.21

屑之间存在较大的压力,达到一定温度后,加工接触部分产生黏结点,黏结点会随着钻削的进行分离破解带走刀具表面的微粒的黏结磨损,抑或是高温(对比温度分布图与磨损分布图)发现最大磨损部位位于高温集中区域,造成接触面的磨损。

相较于图 2.21(a)织构麻花钻的置入在相同钻削深度 0.82 mm 处时,织构麻花钻累积磨损深度都有所下降,其中 TS、TG、STJ 下降了 6.63% 左右,TG 下降 3.79%,而 TGJ 下降最多为 15.16%。对比传统标准麻花钻,织构麻花钻最大磨损区域位于织构附近呈现扩散分布状态。仿真结果表明,仿生织构的置入改善了麻花钻的机械摩擦系数,减少了钻削的接触面积并减少了钻削热的产生,从而减小磨损起到抗磨减摩的作用。

5. 切屑形貌

图 2.22 为传统麻花钻 T0 与织构麻花钻 TG、TS、TY、TGJ、TGS 等在干钻 Ti–6Al–4V 钛合金模拟仿真运行时,工件达到相同深度(0.46 mm)材料分离钻屑的形貌示意图。由图可以看出图 2.22(a)中钻屑相对织构麻花钻长度最长、厚度最厚,且初期螺旋体根部屑

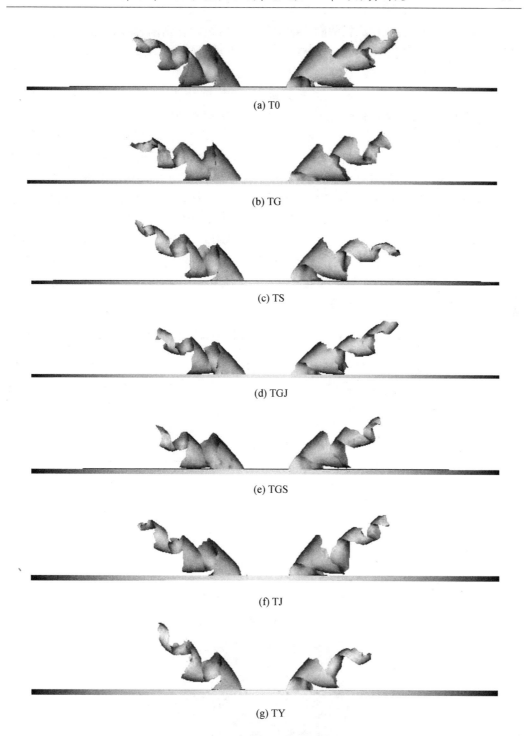

(a) T0

(b) TG

(c) TS

(d) TGJ

(e) TGS

(f) TJ

(g) TY

图 2.22　麻花钻钻屑形貌图

片宽大整体有沿着钻头螺旋体上升的趋势,而织构麻花钻 TG、TS、TY、TGJ、TGS 等钻屑相对细薄,整体有向下趴的趋势,其中 TGJ 和 TGS 织构麻花钻钻屑最短,外部钻屑宽度较其他织构麻花钻小,螺旋排屑时卷曲半径最小,易于断裂。

　　分析结果表明,置入微织构的麻花钻钻削部位的织构在钻削过程时对接触的钻屑产生一个挤压应力,改变了钻屑的分离状况,使钻屑更易于分离排除。

　　仿真至此,通过 deform-3D 软件建立传统无织构麻花钻与 6 种不同形状结构的表面仿生微织构的三维仿真模型进行了干钻钛合金(TC4)试验,分别对他们的钻削力、钻削温度、累积磨损程度和钻屑形貌进行了模拟研究。分析结果表明,表面仿生微织构的置入,减少了刀具与材料表面的实际接触面积、减少了刀具表面切削部位与钻屑的接触时间并能够降低刀具表面与被加工材料的接触摩擦系数,从而减少了接触钻削阻力,达到改善钻削力的作用;增大了刀具散热面积,减少钻削热的产生,达到抗磨减摩的作用;钻屑与织构表面接触时织构边缘作用于钻屑产生一个挤压应力,从而改变钻屑的运动方向和运动速度,使钻屑断裂达到易于排屑的作用。通过优化分析发现组合织构 TGJ(条形槽与三角形凹坑的组合)效果比较优良,为了深入探讨 TGJ 结构其他因素对干钻钛合金(TC4)钻削性能的影响,了解不同参数变化对钻削过程中钻削性能的变化规律,因此本书为完善试验对组合织构 TGJ 进行了改变表面织构的宽度、间距和深度,并在相同条件下进行钻削仿真分析,以便得出最优结构参数方案。

2.5.2.1　不同宽度的 TGJ 组合织构对麻花钻钻削性能变化规律的影响

　　为研究不同宽度相同位置的 TGJ(长沟条加三角形)组合微织构对麻花钻钻削过程中钻削力、钻削温度和积累磨损程度的影响,设定 5 组不同宽度相同位置的仿生微织构(图 2.23),在相同钻削角速度和进给率情况下干钻钛合金(TC4)的仿真模拟试验,其几何参数如表 2.3 所示。

表 2.3　不同宽度 TGJK 组合织构的几何参数(μm)

序号	麻花钻编号	织构宽度	织构中心间距	织构深度
1	$TGJK_{30}$	30	150	50
2	$TGJK_{40}$	40	150	50
3	$TGJK_{50}$	50	150	50
4	$TGJK_{60}$	60	150	50
5	$TGJK_{70}$	70	150	50

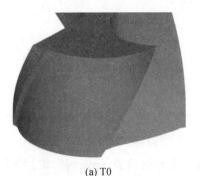

(a) T0

图 2.23　组合织构 TGJ 不同大小相同宽度模拟模型

(b) TGJK$_{50}$

(c) TGJK$_{40}$

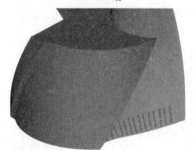

(d) TGJK$_{60}$

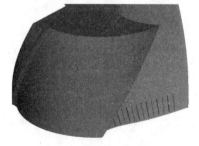

(e) TGJK$_{30}$

续图 2.23

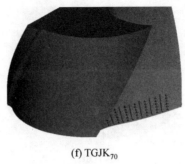

(f) TGJK$_{70}$

续图 2.23

1. 钻削力

对比组合仿生织构麻花钻 TGJ 的五组不同宽度相同位置下钻削力情况,如图 2.24 所示。由图可以看出,在波峰区域(0.2 mm)位置最大钻削力 T0>TGJK$_{40}$>TGJK$_{70}$>TGJK$_{30}$>TGJ$_{50}$>TGJ$_{60}$,几组模拟实验都存在波动区域,可见相对无织构麻花钻,织构麻花钻在凸起阶段最大钻削力均小于无织构刀具,且在稳定区域宽度为 70 μm 的波动最多,而宽度为30 μm 的组合织构 TGJK$_{30}$出现区域性异常突变现象,显然 TGJK$_{50}$宽度 50 μm 整体波动对改善钻削性能尤为显著。

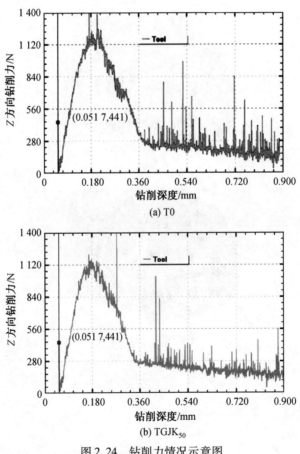

图 2.24　钻削力情况示意图

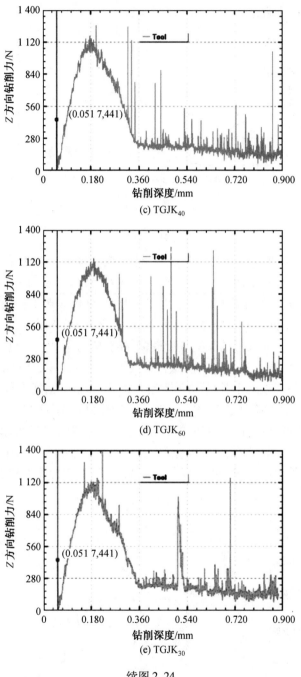

(c) TGJK$_{40}$

(d) TGJK$_{60}$

(e) TGJK$_{30}$

续图 2.24

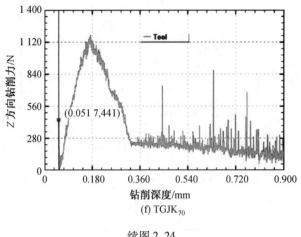

(f) TGJK$_{70}$

续图 2.24

从图 2.25 和图 2.26,在前期"凸起阶段"传统无织构麻花钻的钻削力最大,置入织构的麻花钻相对较小,其中 TGJK$_{50}$ 最小钻削进程进入稳定状态下提取 0.360 ~ 0.540 mm(图 2.26)随着织构宽度的变化平均钻削力变化曲线,分析表明干钻钛合金(TC4)的过程中,随着被加工件接触的织构宽度越大平均钻削力越小,而宽度为 30 μm 时被加工工件分离部位与刀具单位面积接触的织构数量最多,存在应力集中点,但具有分散前刀面磨损保护刀具的作用,其中宽度为 50 μm 时载荷曲线波动最为稳定,从而加工越可靠,刀具磨损越小。由此图像呈现先减小后增大的变化规律,而 50 μm 钻削力最小相对无织构下降了 45%,40 μm 宽度钻头降低了 38.93%,30 μm 宽度降低为 33.37%,60 μm 宽度降低了 31.61% 和 70 μm 宽度降低了 30.32% 等。分析可得,随着织构宽度的增大使钻屑实际接触的织构增多而减少,织构能减少的摩擦阻力较多,从而使得需求工作的钻削力下降,当宽度过大时被加工件单位面积接触微织构数量减少,导致织构宽度越大钻削力跟着增大。

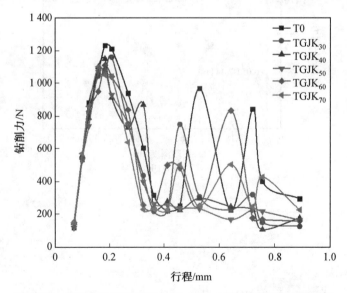

图 2.25　各麻花钻钻削深度 0 ~ 0.9 mm 区域平均钻削力示意图

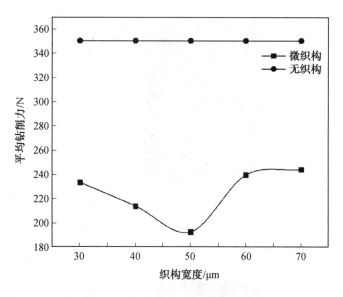

图 2.26　组合织构 TGJ 不同宽度稳定阶段下平均钻削力变化示意图

2. 钻削温度

对比组合仿生织构麻花钻 TGJ 的五组不同宽度相同位置下钻削部位前刀面于钻削深度 0.82 mm 后平均最高钻削温度情况,如图 2.27 所示。由图可知,钻削温度呈规律性扩散在织构附近,其中 $TGJK_{30}$(宽度 30 μm)的组合织构麻花钻的钻削温度最高,$TGJK_{40}$(宽度 40 μm)钻削温度小于 $TGJK_{30}$ 温度,而组合织构 $TGJK_{70}$(宽度 70 μm)钻削温度大于 $TGJK_{50}$(宽度 50 μm)。其中 $TGJK_{50}$(宽度 50 μm)和 $TGJK_{60}$(宽度 60 μm)钻削温度最为接近,由图 2.28 为 0~0.9 mm 钻削深度温度随着行程变化而变化的曲线,显然置入微织构的麻花钻钻削深度在 0.82 mm 后平均最高温度都小于传统无织构麻花钻,且后期相对无织构麻花钻温度都有下降的趋势。

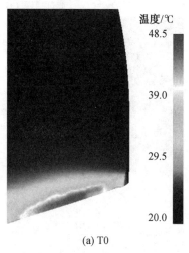

(a) T0

图 2.27　不同宽度相同位置 TGJ 组合麻花钻前刀面温度示意图

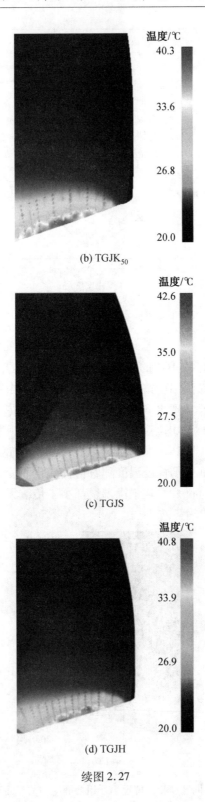

(b) TGJK$_{50}$

(c) TGJS

(d) TGJH

续图 2.27

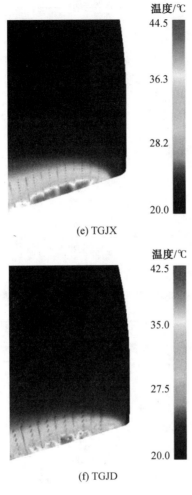

(e) TGJX

(f) TGJD

续图 2.27

图 2.29 为提取整个钻削过程中每个织构平均钻削温度的变化曲线,呈现先递减后增加的变化规律,其中 60 μm 宽度与 50 μm 宽度相对无织构钻削温度最低,分别下降了 7.61% 与 7.47% ;而 70 μm 宽度下降了 6.59% ,40 μm 宽度织构下降了 5.54% ,30 μm 宽度下降了最少,为 1.80% 。分析表明在不改变位置的情况下,随着组合织构宽度的增加,钻屑与刀具接触的单位面积织构数量增加,钻削温度都有所下降,当宽度达到一定程度时钻屑与刀具接触的单位面积织构数量减少,减少了接触区域的散热面积,从而导致钻削温度升高。

3. 钻头磨损

对比组合仿生织构麻花钻 TGJ 的五组不同宽度相同位置在干钻钛合金(TC4)的情况下钻削部位前刀面磨损程度情况,如图 2.30 所示。由图可以看出磨损均匀分布在织构表面附近,而麻花钻 $TGJK_{30}$ 与 $TGJK_{70}$ 的前刀面与被加工工件接触部位的前刀面磨损程度都要比 $TGJK_{50}$ 高,其中 $TGJK_{30}$ 为宽度最细、织构变化不明显且出现大范围磨损区域。由图

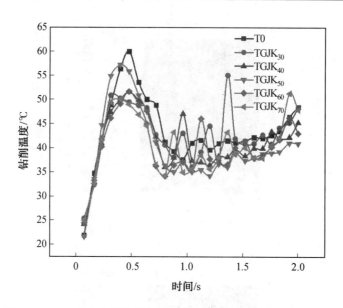

图 2.28　各宽度麻花钻钻削深度 0~0.9 mm 区域钻削温度示意图

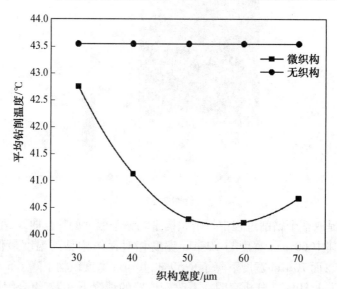

图 2.29　各宽度麻花钻钻削深度 0~0.9 mm 区域随着宽度平均钻削温度变化示意图

中可以看出,最大磨损深度 $TGJK_{30}$(宽度 30 μm)>$TGJK_{70}$(宽度 70 μm)>$TGJK_{50}$(宽度 50 μm),显然置入织构宽度的不同对钻削性能是存在规律性变化的,并不是宽度越大磨损越小,也不是宽度小磨损就小。

通过对比组合织构 TGJ 各宽度的麻花钻干钻钛合金(TC4)的最大磨损程度随织构宽度变化(图 2.31),分析表明,组合织构 TGJ 的置入,仿生织构的置入减少了加工时前刀面与被加工件的实际接触面积,从而改善了麻花钻的机械摩擦系数,减少了钻削的接触面积并减少了钻削热的产生,从而减小磨损起到抗磨减摩的作用。大体变化规律为先递减后递增的趋势,其中 50 μm 宽度织构相对无织构磨损最低,下降了 15.17%;40 μm 宽度织

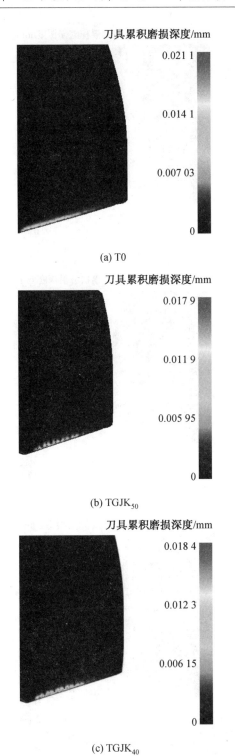

(a) T0

(b) TGJK$_{50}$

(c) TGJK$_{40}$

图 2.30　不同宽度相同位置 TGJ 组合麻花钻前刀面磨损程度分布示意图

刀具累积磨损深度/mm

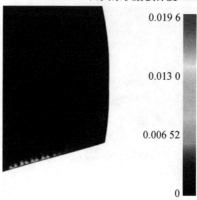

(d) TGJK₆₀

刀具累积磨损深度/mm

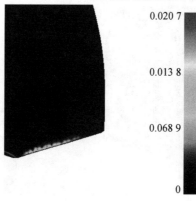

(e) TGJK₃₀

刀具累积磨损深度/mm

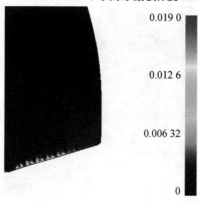

(f) TGJK₇₀

续图 2.30

构下降了 12.796% ,70 μm 宽度下降了 9.95% ,60 μm 宽度织构下降了 7.11% 和降低最小的 30 μm 宽度为 1.896% 。而最大磨损程度随着在适合范围内织构宽度的增大有所降低,当达到一定宽度时最大磨损深度随着宽度增加而增加。

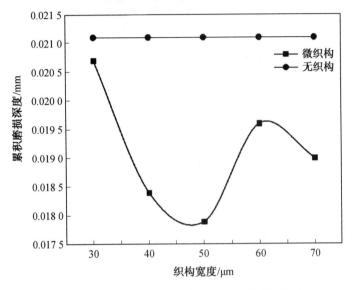

图 2.31　不同宽度对织构麻花钻的磨损的影响

4. 钻屑形貌

对比组合仿生织构麻花钻 TGJ 的五组不同宽度相同位置下钻削过程中总钻削深度(0.82 mm)的钻屑形貌情况,如图 2.32 所示。传统无织构麻花钻 T0 钻屑最为厚大且积累钻屑较长,由图可以看出,几种组合麻花钻的钻屑与其螺旋卷曲的方向都有往外展开的趋势。其中 TGJZ 最为明显,而 TGJX 有部分钻屑随着钻头螺旋体向上,分析表明微织构的置入使得钻屑与刀具接触部分有个钻屑往外的挤压应力,在相同位置下织构宽度越小其暴露表面的织构形状越不明显,因此还保留着些许传统无织构麻花钻的排屑特性,由图 2.32(a)(c)可以看出随着组合织构 TGJ 宽度的增大钻屑有上旋的趋势但整体卷曲方向依旧向外,证明织构宽度过大钻屑接触单位面积的织构数量越少,所获得的挤压应力越小,因此钻屑流动方向程度小。

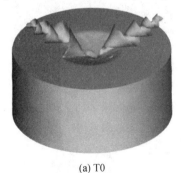

(a) T0

图 2.32　组合织构 TGJ 不同宽度钻屑形貌示意图

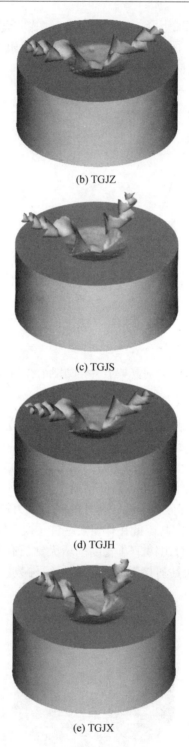

(b) TGJZ

(c) TGJS

(d) TGJH

(e) TGJX

续图 2.32

(f) TGJD

续图 2.32

2.5.2.2 不同间距的 TGJ 组合织构对麻花钻钻削性能变化规律的影响

通过上述仿真结论对比得出组合织构 TGJK$_{50}$ 在相同宽度、相同深度、不同中心间距下对改善钻削性能的效果最为突出,因此为研究相同宽度、相同深度、不同中心间距的 TGJK$_{50}$(长沟条加三角形)组合微织构对麻花钻钻削过程中钻削力、钻削温度和累积磨损程度的影响,设定了五组不同宽度相同位置的仿生微织构(图 2.33),基于上述仿真结果数据调整织构中心间距来干钻钛合金(TC4)的仿真模拟试验,其几何参数如表 2.4 所示。

表 2.4 不同间距 TGJJ 组合织构的几何参数(μm)

序号	麻花钻编号	织构宽度	织构中心间距	织构深度
1	TGJJ$_{100}$	50	100	50
2	TGJJ$_{125}$	50	125	50
3	TGJJ$_{150}$	50	150	50
4	TGJJ$_{175}$	50	175	50
5	TGJJ$_{200}$	50	200	50

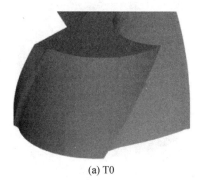

(a) T0

图 2.33 不同间距钻头模型示意图

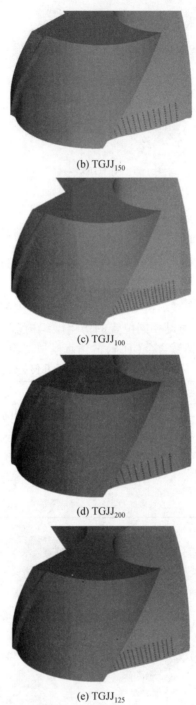

(b) TGJJ$_{150}$

(c) TGJJ$_{100}$

(d) TGJJ$_{200}$

(e) TGJJ$_{125}$

续图 2.33

(f) TGJJ$_{175}$

续图 2.33

1. 钻削力

对比组合仿生织构麻花钻 TGJ 的五组相同宽度不同中心间距下钻削力情况,如图 2.34所示。由图可以看出,几种曲线在初期"凸起阶段"最大钻削力位置比较相近,其中 TGJJ$_{125}$ 与 TGJJ$_{175}$ 的最大钻削力要低于 1 120 N 该最大凸起载荷分界线,而稳定阶段根据中心距的不同都以不同的特点展示出波动的规律, 如图在钻削深度 0.360 ~ 0.900 mm 之

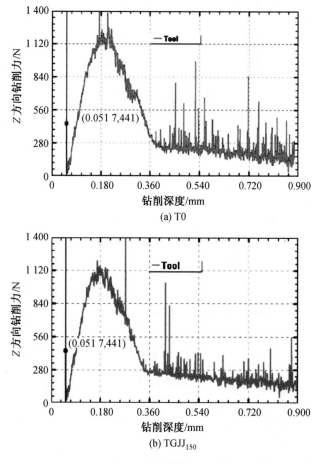

图 2.34　钻削力情况示意图

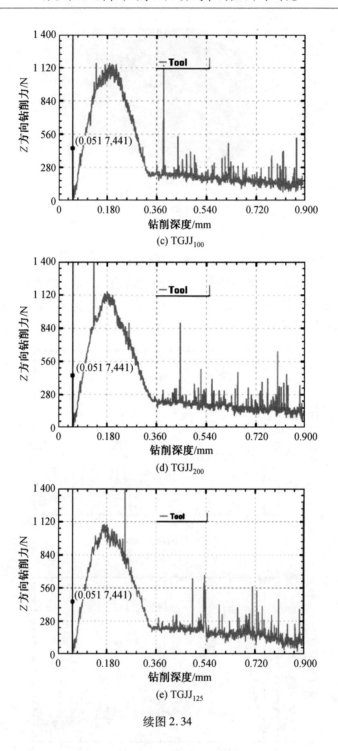

(c) TGJJ$_{100}$

(d) TGJJ$_{200}$

(e) TGJJ$_{125}$

续图 2.34

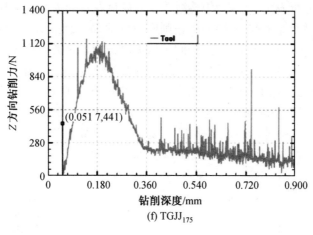

(f) TGJJ$_{175}$

续图 2.34

间可知,100 μm 间距的钻削力曲线呈锯齿形状起伏波动,200 μm 间距时波动显示抛物线再上升的曲线,125 μm 以及 175 μm 呈现 M 形波动现象,而 150 μm 间距的 TGJZ$_{150}$ 波动相对最为稳定。

如图 2.35 为六组实验在进行干钻钛合金模拟进程中提取 0 ~ 0.9 mm 区域内最具代表性的数据,对他们整合而成的整体钻削力随着行程增大而变化的变化曲线示意图。由图可以看出,传统无织构曲线整体相对颠簸起伏,而置入织构的麻花钻最大钻削力相对传统无织构麻花钻要小得多,且进入稳定钻削进程时后期趋于一个钻削力下降的势头,其中 150 μm 间距的曲线波动最小且稳定。

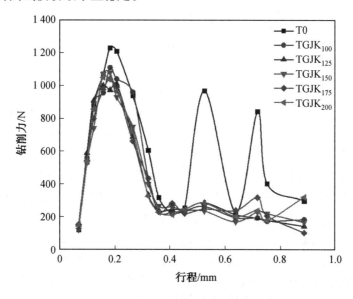

图 2.35　不同间距钻削力随行程变化情况示意图

结合图 2.36 截取 0.540 ~ 0.720 mm 深度处传统无织构麻花钻与置入不同间距织构麻花钻随着中心间距的增大整体平均钻削力呈现规律性变化的曲线,整体呈现先递减后递增的变化规律,分析表明,置入微织构减少了实际麻花钻前刀面与被加工材料的接触面积,从而减少了接触摩擦系数,实现减少钻削阻力的效果,因此间距越小钻屑单位面积接触到的织构数量越多,织构效果越好,当间距增大时被加工材料单位面积接触到的织构量就少,从而效果就不明显。其中有三组比无织构改善最显著分别为 150 μm 间距织构相对无织构平均钻削力下降了 45.0%;125 μm 间距织构下降了 43.96%;100 μm 间距织构下降了 42.21%;而 200 μm 间距织构下降了 38.97% 以及 175 μm 间距织构下降最少为 37.02%。由于可供织构排列的宽度都相同,随着中心间距的增大,稳定阶段的平均钻削力呈现减小的趋势,而过大间距时钻削力上升明显。

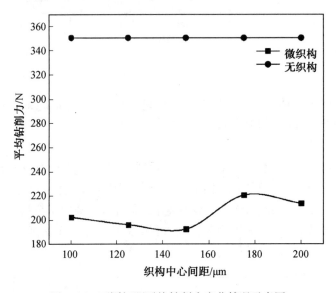

图 2.36　不同间距平均钻削力变化情况示意图

2. 钻削温度

对比组合仿生织构麻花钻 TGJ 的五组相同宽度与深度、不同中心间距下,钻削部位前刀面于钻削深度 0.82 mm 后钻削温度分布情况(图 2.37),以及提取钻削时间 0~2 s 时传统无织构麻花钻与五组织构麻花钻钻削过程的温度曲线,如图 2.38 所示。由图可以看出,钻削深度在 0.82 mm 后 150 μm 的组合织构 $TGJJ_{150}$ 相对加工温度最低,在突起阶段 150 μm 间距麻花钻($TGJJ_{150}$)与传统无织构麻花钻最大温度均大于 55 ℃,在进入稳定阶段时无织构依旧呈现上升趋势且进入稳定时上升温度于 1.0 s 附近有急剧上升的趋势,其中 $TGJJ_{100}$ 与 $TGJJ_{125}$ 稳定阶段由于节点突变导致温度波动起伏,但大部分温度节点都位于传统无织构之下,呈现着稳定上升的曲线趋势,显然 150 μm 间距的曲线整体效果最好。

图 2.39 为提取传统无织构与五组织构麻花钻在干钻钛合金的模拟进程中整体(0~2 s 内)钻削温度的平均值随着织构中心间距变化的变化曲线。由图分析表明,曲线先递增后递减,织构平缓上升的变化规律,织构的置入减少了实际钻削过程中刀具前刀面与被加工材料的接触面积,进而减少了刀具与工件的摩擦面积,从而减少摩擦热。其中 150 μm 间距的织构刀具相对无织构刀具平均钻削温度改善最好,下降了 7.47%;其次 200 μm 下降了 5.45%,100 μm 下降了 5.88%,175 μm 下降了 5.55% 和下降最少的

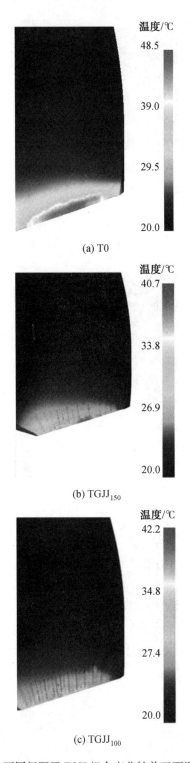

(a) T0

(b) TGJJ$_{150}$

(c) TGJJ$_{100}$

图 2.37　不同间距置 TGJJ 组合麻花钻前刀面温度示意图

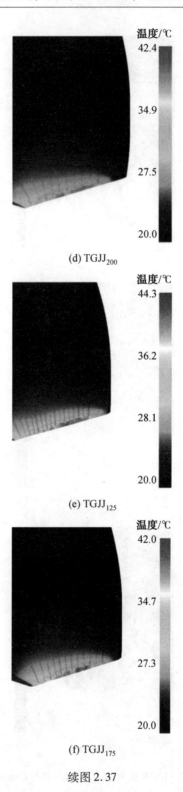

(d) TGJJ$_{200}$

(e) TGJJ$_{125}$

(f) TGJJ$_{175}$

续图 2.37

125 μm为4.67%。由于在相同情况下,小间距降温比较明显,而过大的间距使得实际加工面增大,从而减少散热面积,使得整个钻削过程中的钻削温度降低不明显。

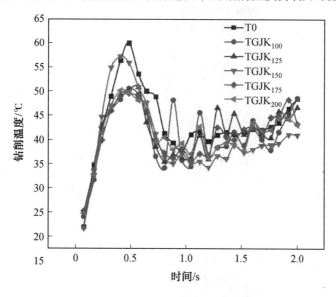

图 2.38　不同间距钻削温度随时间变化情况示意图

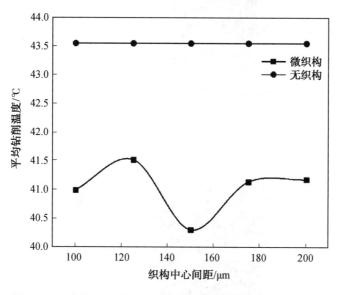

图 2.39　不同间距平均温度随中心间距不同的变化情况示意图

3. 磨损程度

对比组合仿生织构麻花钻 TGJ 的五组相同宽度、不同中心间距下在干钻钛合金(TC4)的情况下钻削部位前刀面累积磨损程度及钻尖磨损程度情况,如图 2.40 所示。如图前刀面可见 150 μm 的钻头磨损量最低。而集中在钻尖磨损的分布来看 150 μm 钻头最大磨损分布面积较小,且最大磨损红斑比较最为分散。图中间距为 200 μm 的织构刀具,其前刀面的织构相间的位置出现小面积磨损集中点,由于整体容纳织构的总宽度相同,相同宽度时间距越大其实际接触被加工件表面的面积越多,造成累积磨损集中点。

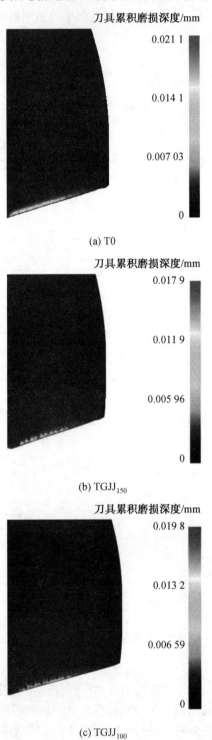

图 2.40　不同间距 TGJJ 组合麻花钻前刀面磨损程度示意图

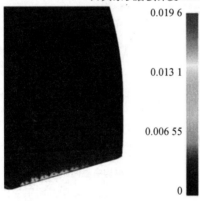

(d) $TGJJ_{200}$

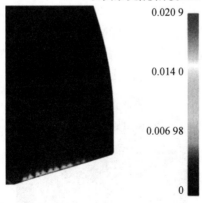

(e) $TGJJ_{125}$

(f) $TGJJ_{175}$

续图 2.40

如图 2.41 所示,几组织构钻头相比传统无织构的累积磨损量少,而间距 100 μm 与 200 μm 的织构钻头磨损相对间距 150 织构钻头要大些,因此织构间距 150 μm 的钻头对磨损程度改良尤为显著,下降了 15.16%;其次 125 μm 与 200 μm 间距比无织构降低了 7.11%;100 μm 间距织构下降了 6.16% 以及 175 μm 下降了 0.947%。大体曲线呈现先递减后递增的变化趋势,分析表明,表面仿生微织构的置入,减少了加工时,前刀面与被加工件的实际接触面积,从而改善了麻花钻的机械摩擦系数,减少了钻削的接触面积并减少了钻削热的产生,分散了磨损对刀具前刀面具有保护作用的效果。而最大磨损程度随着织构间距的增加而减少,当间距增大到一定程度上时磨损不减反增。

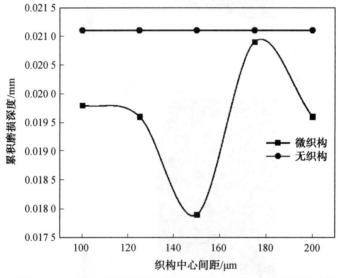

图 2.41 不同间距累积磨损深度随着中心间距变化情况示意图

4. 钻屑形貌

对比组合仿生织构麻花钻 TGJ 的五组相同宽度、不同中心间距下钻削过程中,总钻削深度(0.82 mm)的钻屑形貌情况,如图 2.42 所示。传统无织构麻花钻 T0 钻屑最为厚大且积累钻屑较长且有沿着螺旋刀体上升的趋势,相比之下五种织构麻花钻加工被加工件所分离出的钻屑下趴角度较小,钻屑短而细,总的来说,织构麻花钻实验的整体钻屑方向往外展开呈现掉落的趋势,具有良好的排屑效应。

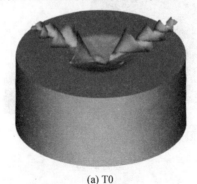

(a) T0

图 2.42 组合织构 TGJ 不同间距钻屑形貌示意图

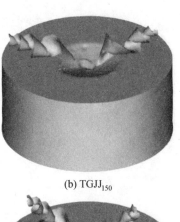

(b) TGJJ$_{150}$

(c) TGJJ$_{100}$

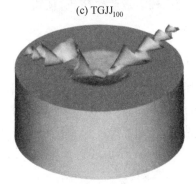

(d) TGJJ$_{200}$

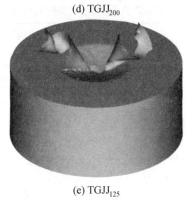

(e) TGJJ$_{125}$

续图 2.42

(f) TGJJ$_{175}$

续图 2.42

　　图中 TGJJ$_{100}$织构刀具钻屑相对较短,而间距 200 μm 的织构麻花钻 TGJJ$_{200}$的部分钻屑相对其他几组织构刀具钻屑要长一些。这是由于在制备织构麻花钻刀具时,整体容纳织构的总宽度相同,由于织构边缘跟被加工件接触产生类似钻屑力的织构边缘力,充当挤压应力迫使钻屑改变运动方向以及增快其断裂速度。因此,间距越小钻屑单位面积接触的织构数量越多所得到的织构边缘力越多钻屑也就越短,而间距越大钻屑单位面积接触的织构数量越少所得到的织构边缘力越少钻屑也就越长,分析表明,当置入织构的刀具表面微织构接触到钻屑时,钻屑与织构边缘产生挤压,使得钻屑具有排外的效果,从而改变了钻屑的旋转方向和分离速度。

2.5.2.3　不同深度的 TGJ 组合织构对麻花钻钻削性能变化规律的影响

　　通过上述试验对比得出组合织构 TGJJ$_{150}$在不同间距相同宽度下对改善钻削性能的效果最为突出,因此为研究宽度不变、间距不变、改变深度的 TGJS(长沟条加三角形)组合微织构对麻花钻钻削过程中钻削力、钻削温度和累积磨损程度的影响,设定了五组不同深度相同位置的仿生微织构(图 2.43),基于上述仿真实验数据调整织构深度来干钻钛合金(TC4)的仿真模拟试验,其几何参数如表 2.5 所示。

表 2.5　不同深度 TGJS 组合织构的几何参数(μm)

序号	麻花钻编号	织构宽度	织构中心间距	织构深度
1	TGJS$_{50}$	50	150	50
2	TGJS$_{75}$	50	150	75
3	TGJS$_{100}$	50	150	100
4	TGJS$_{125}$	50	150	125
5	TGJS$_{150}$	50	150	150

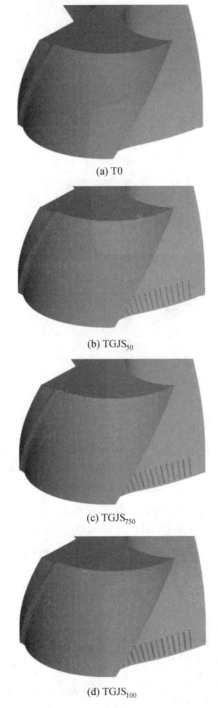

(a) T0

(b) TGJS$_{50}$

(c) TGJS$_{750}$

(d) TGJS$_{100}$

图 2.43　不同深度钻头模型示意图

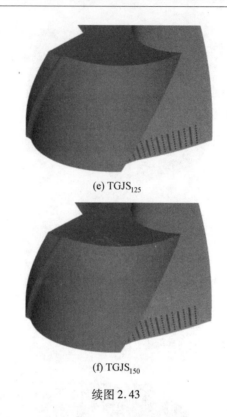

(e) TGJS$_{125}$

(f) TGJS$_{150}$

续图 2.43

1. 钻削力

如图 2.44 为对比组合仿生织构麻花钻 TGJ 的五组相同宽度、相同中心间距、不同深度下钻削力情况。由图可以看出,五组织构波动曲线相对比较稳定,个别曲线在稳定阶段出现较高的突变值,如 TGJS$_{75}$(75 μm)和 TGJS$_{125}$(125 μm)在钻削深度 0.360 ~ 0.540 mm 之间有大范围突变,而位于凸起阶段时,TGJS$_{100}$织构深度为 100 μm 时钻削力显著最小下降 29.52% ,其中 TGJS$_{50}$(50 μm)织构稳定阶段相对其他深度织构没有较大突变值,因此,TGJS$_{50}$(50 μm)织构钻削模拟过程最为稳定,织构效果最好。

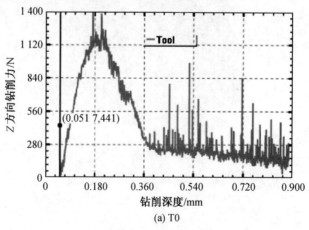

(a) T0

图 2.44　不同深度织构钻削力曲线

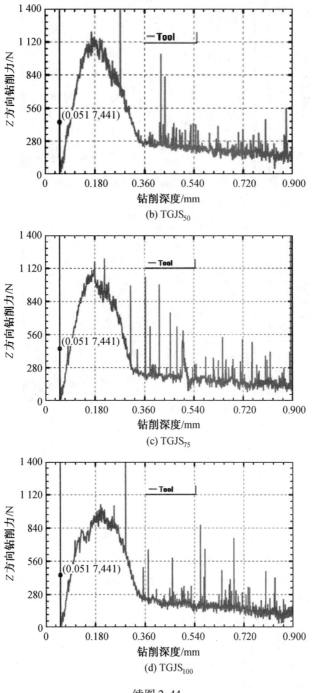

(b) TGJS$_{50}$

(c) TGJS$_{75}$

(d) TGJS$_{100}$

续图 2.44

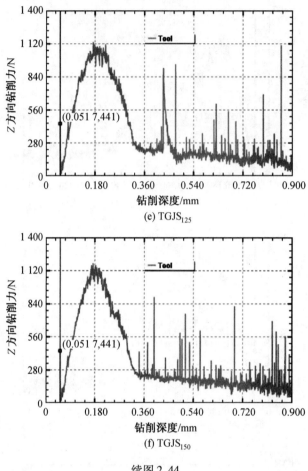

(e) TGJS$_{125}$

(f) TGJS$_{150}$

续图 2.44

　　在模拟干钻钛合金(TC4)的整个过程中,结合图 2.45(对比传统无织构麻花钻各钻头模拟钻削力随着行程变化曲线)与图 2.46(对比无织构与不同深度织构随深度变化位于稳定阶段 0.540 ~ 0.720 mm 处平均钻削力变化规律曲线)分析表明,织构深度在 50 μm 波动曲线最为稳定,相对无织构平均钻削力下降最低为 45.001% ;其次,75 μm 深度织构下降了 41.44% ;150 μm 深度织构下降了 37.50% ;100 μm 深度织构下降了 36.79% 以及 125 μm 深度织构下降了 35.62% 。因此,随着织构深度的增加平均钻削力呈现上升的变化规律,其主要原因是在钻削过程中织构存在间隙空间随着温度的升高产生类似"气浮"的升力来抵抗摩擦阻力,提高织构的动压承载性能,从而减少钻削过程中的钻削力,实现织构减摩的作用。而织构深度太深时形成"气浮"升力的时间越长,抵消摩擦阻力的效果越不显著,最终呈现上升的趋势。

2. 钻削温度

　　如图 2.47 为在对比五组不同深度织构干钻钛合金(TC4)材料模拟钻削深度 0.82 mm 后钻头前刀面温度云图。由图可知,整体温度层呈现阶梯式分布,前刀面最高温度主要扩散到织构边缘区域,起到提高前刀面加工质量,保护刀具的作用。

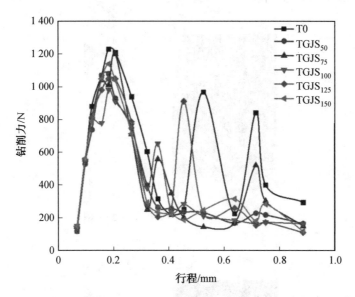

图 2.45　对比传统无织构钻头与不同深度织构钻削过程的钻削力随行程变化曲线

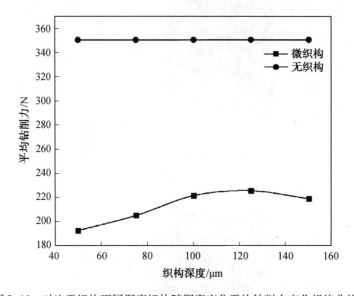

图 2.46　对比无织构不同深度织构随深度变化平均钻削力变化规律曲线

　　结合图 2.48(不同深度组合织构钻削温度随时间的变化曲线)与图 2.49(不同深度组合织构钻削温度随时间的变化曲线)干钻钛合金材料时,深度织构钻削温度的变化情况。如图可知温度曲线图同时也分为两个钻削阶段即"凸起"与"稳定",凸起阶段 50 μm 织构 TGJS$_{50}$ 麻花钻钻削温度相对要比其他四种深度(75 μm、100 μm、125 μm、150 μm)织构刀具较高,稳定阶段时 TGJS$_{150}$ 与 TGJS$_{50}$ 相对波动较为平缓,其中 TGJS$_{50}$ 钻头变化趋势最小最平缓,而整个模拟进程平均钻削温度随着织构深度的增加呈现先增大后减小再增大后减小的变化规律,其中相对无织构麻花钻,组合织构 TGJS$_{50}$ 其平均钻削温度下降了 7.47%,TGJS$_{75}$ 下降了 6.59%,TGJS$_{100}$ 下降了 8.14%,TGJS$_{125}$ 下降了 5.75%,TGJS$_{150}$ 下降

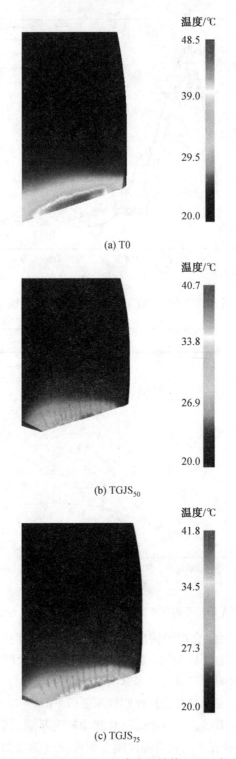

图 2.47　不同深度置 TGJS 组合麻花钻前刀面温度示意图

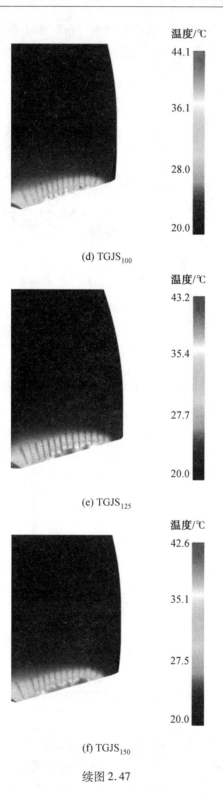

(d) TGJS$_{100}$

(e) TGJS$_{125}$

(f) TGJS$_{150}$

续图 2.47

了 7.59%,其主要原因是,随着深度的增加产生"气浮"升力的时间越长,摩擦系数下降得不显著,织构的效果也就没那么明显,从而导致摩擦热的产生,后期整体有上升趋势比较大。

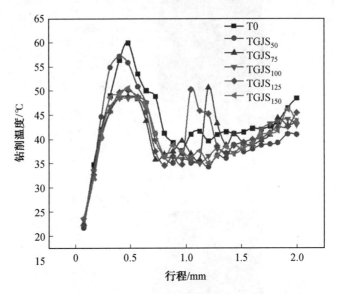

图 2.48　不同深度组合织构钻削温度随时间的变化曲线

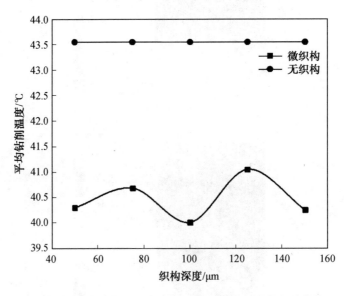

图 2.49　不同深度组合织构钻削温度随时间的变化规律曲线

3. 磨损程度

如图 2.50 为整个模拟干钻钛合金过程不同深度织构前刀面于 0.820 mm 深度处累积磨损深度云图。如图可知 TGJS$_{50}$(50 μm)与 TGJS$_{75}$(75 μm)磨损相对较轻,而深度到 TGJS$_{100}$ 与 TGJS$_{125}$ 时出现磨损上升的趋势,由于织构的置入磨损主要扩散在织构边缘位置,因此有提高加工质量与起到保护刀具的作用。

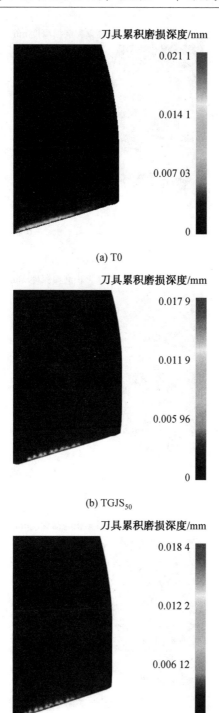

(a) T0

(b) TGJS$_{50}$

(c) TGJS$_{75}$

图 2.50 置入 TGJS 组合麻花钻不同深度前刀面累积磨损深度示意图

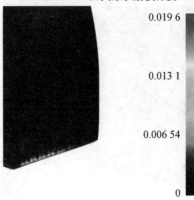

(d) TGJS$_{100}$

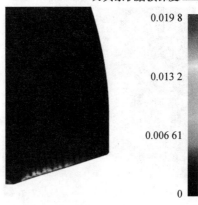

(e) TGJS$_{125}$

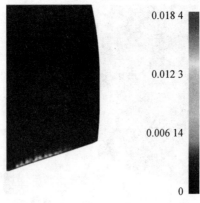

(f) TGJS$_{150}$

续图 2.50

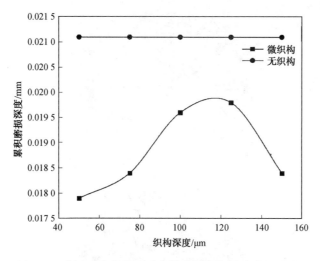

图 2.51　累积磨损深度随着织构深度增加的变化规律曲线

如图 2.51 为模拟过程中累积磨损深度随着织构深度增加的变化规律曲线。由图 2.51 可知,曲线呈现先上升后下降的变化规律,其中 50 μm 组合织构麻花钻其对改善刀具磨损程度最为优良,相对无织构麻花钻下降了 15.17%;其次,150 μm 与 75 μm 深度织构下降了 12.796%;100 μm 深度织构降低了 7.109% 以及 125 μm 深度织构降低最小为 6.161%。由曲线可见随着织构深度越大,减小磨损效果不显著。分析表明,由于置入织构麻花钻的总宽度一定,单位面积织构数量相同,刀-屑实际接触面积相同,随着织构深度的增加,产生"气浮"升力的时间越长,削弱了织构升力抵抗摩擦阻力的效果,因此 TGJ 组合织构麻花钻刀具的累积磨损深度随着织构深度的增加,其织构改善磨损的效果越不显著。

4. 钻屑形貌

对比组合仿生织构麻花钻 TGJ 的五组相同宽度、相同中心间距、不同织构深度下钻削过程中总钻削深度(0.82 mm)的钻屑形貌情况,如图 2.52 所示。传统无织构麻花钻 T0 钻屑最为厚大、积累钻屑较长且有沿着螺旋刀体上升的趋势,相比之下五种织构麻花钻加工被加工件所分离出的钻屑下趴角度较小,钻屑短(如 $TGJS_{125}$ 与 $TGJS_{75}$)而细,总的来说,织构麻花钻实验的整体钻屑方向往外展开呈现掉落的趋势,具有改变钻屑卷曲程度的效果和良好的排屑效益。

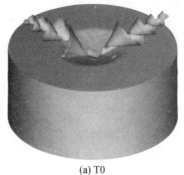

(a) T0

图 2.52　对比传统无织构麻花钻五组深度织构钻屑形貌示意图

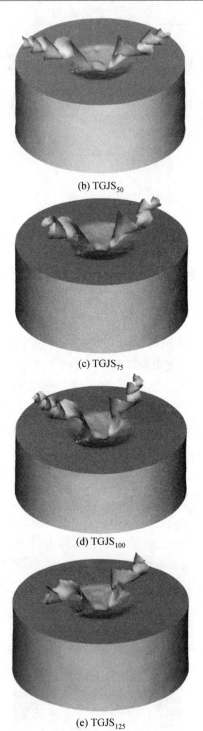

(b) TGJS$_{50}$

(c) TGJS$_{75}$

(d) TGJS$_{100}$

(e) TGJS$_{125}$

续图 2.52

(f) TGJS$_{150}$

续图 2.52

图 2.52 中 TGJS$_{125}$ 与 TGJS$_{75}$ 织构刀具钻屑相对较短，而 TGJS$_{150}$（150 μm）深度的织构麻花钻的部分钻屑相对其他几组织构刀具钻屑要长一些。这是由于在制备织构麻花钻刀具时，整体容纳织构的总宽度相同，由于织构内部随着气体温度的升高，急需向外界排出从而产生的"气浮"升力，迫使钻屑改变运动方向以及增快其断裂速度。因此，深度越小产生升力的时间越短钻屑也就越短，而深度越大其升力产生的时间越长，削弱了动压载荷性能从而升力越弱，排屑能力越弱，从而钻屑也就越长，其中 TGJS$_{50}$（50 μm）刀屑最细宽度较薄。分析证明，当置入织构的刀具表面微织构接触到钻屑时，钻屑与织构随着模拟加工的进行，刀具织构内部急需散热，从而产生"气浮"升力，使得钻屑具有排外的效果，从而改变了钻屑的旋转方向和分离速度。

2.5.3　小结

本节首先采用三维绘图软件 Solidworks 根据本书的要求、麻花钻的数学模型提供标准化数据和织构特殊结构的构思，建立了实验需要的传统无织构麻花钻以及多种织构麻花钻的三维模型。之后利用 Deform-3D 建立了采用微织构麻花钻干钻钛合金（TC4）的钻削仿真模型，分别对 7 种不同形状麻花钻以及最优结构组合织构麻花钻 TGJ 的织构宽度、间距和深度进行了钻削模拟。最后通过分析钻削过程中 7 种麻花钻的钻削力、钻削温度、累积磨损深度和钻屑形貌的变化情况，对最优方案形状织构间距、宽度和深度进行对比试验，得出织构麻花钻钻削性能随着单一因素变化而产生的变化规律，确定各个参数值（分别为深度与宽度 50 μm，织构间距 100 μm 即中心间距 150 μm 为最优参数方案）。为后续研究 TGJ 组合织构为最优结构方案提供基础性研究意义。

2.6　最优仿生组合织构方案的分析与验证

2.6.1　最优创新仿生组合织构方案的设计

综合上述仿真结果可知相对最优织构方案，确定组合织构 TGJ 为最优织构方案，通过三组调整宽度、间距和深度对麻花钻钻削力、钻削温度和累积磨损深度等钻削性能的仿真分析，初步验证其织构宽度为 50 μm，织构中心间距为 150 μm，织构深度为 50 μm 时，织构效果较为突出。因此,为了完善并优选出最优的组合微织构方案,并基于上述仿真数据设定了(表2.6)传统无织构麻花钻 T0、条形沟槽加三角形凹坑的组合微织构麻花钻 TGJ 与单一条形沟槽 TG(图2.53)进行最优仿生微织构方案验证。

表2.6　三种麻花钻前刀面的几何参数(μm)

序号	麻花钻编号	织构宽度	织构中心间距	织构深度
1	T0	0	0	0
2	TG	50	150	50
3	TGJ	50	150	50

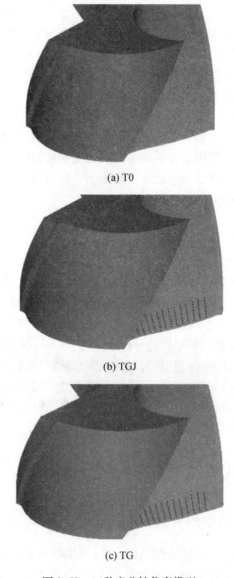

(a) T0

(b) TGJ

(c) TG

图2.53　三种麻花钻仿真模型

2.6.2　最优创新仿生组合织构方案的仿真分析

1. 钻削力

如图2.54为对比传统无织构麻花钻,条形槽与组合织构TGJ在模拟干钻钛合金(TC4)

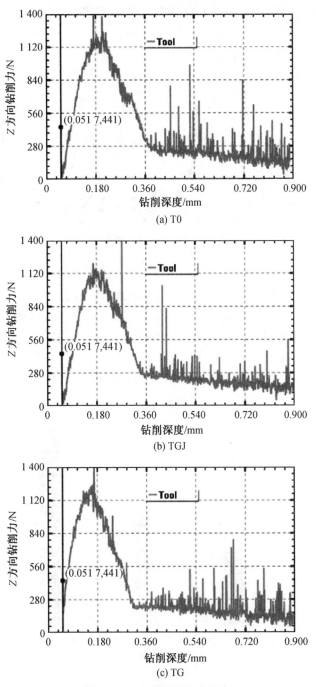

(a) T0

(b) TGJ

(c) TG

图2.54　麻花钻钻削力曲线

过程中的钻削力变化曲线图。结合图 2.55 为三种麻花钻钻削力随行程变化曲线。分析可知,在凸起阶段最大钻削力 T0 大于 TG 大于 TGJ,TGJ 较无织构刀具下降了 26.911%,TG 相对无织构下降了 19.325%,而 TGJ 相对 TG 下降了 9.402%;在稳定阶段可见,TGJ 组合织构没太多突变,波动最为稳定。显然,TGJ 织构减少摩擦阻力效果最为显著。

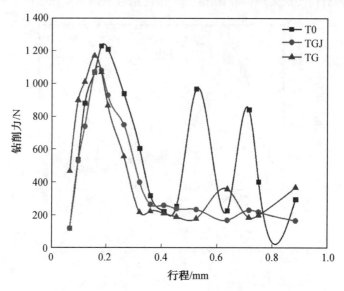

图 2.55　三种麻花钻钻削力随行程变化曲线

如图 2.56 为三种麻花钻在模拟干钻钛合金(TC4)中,分别于稳定阶段截取 0.540 ~ 0.720 mm 区域内平均钻削力。由图可知 TGJ 组合织构的平均钻削力为 三组麻花钻中最小,相对 T0 下降了 45.001%,TG 较 T0 下降了 39.55%,而 TGJ 较 TG 降低了 9.057%。其主要原因是,当麻花钻与被加工件接触时,随着切削刃与被加工件的挤压摩擦作用,其

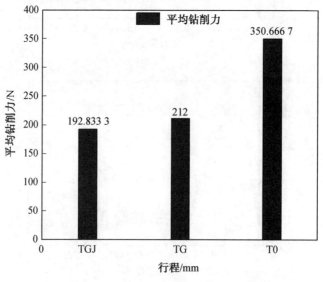

图 2.56　三种麻花钻平均钻削力柱状图

钻削力将会随着钻削深度的增加而增大,之后趋于一个稳定的阶段。而织构的置入不仅减少了麻花钻前刀面的实际表面与被加工件的接触面积,减少摩擦系数,而且织构边缘与被加工件接触时会产生类似边缘力的挤压应力,从而减少钻削力,而过大的织构面积导致钻削进入织构内部,钻削与边缘刃则会引起"二次钻削",从而产生更大的边缘应力抵消织构的减摩作用。因此,在合理条件下,创新组合织构 TGJ 织构减摩效果最为显著。

2. 钻削温度

如图 2.57 为三种麻花钻钻削温度随时间变化曲线,如图可知,TGJ 条形槽织构整体曲线位于 T0 与 TGJ 曲线之下,在稳定阶段出现多个异值点起伏变化,在凸起阶段最大温度相对无织构刀具最小,下降了 12.833%;而 TGJ 下降了 4.667%。

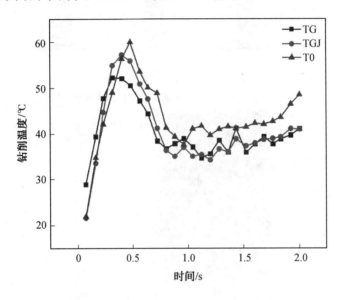

图 2.57　三种麻花钻钻削温度随时间变化曲线

如图 2.58 为三种麻花钻整体模拟过程中平均钻削温度柱状图,如图可知,条形沟槽 TG 与组合织构 TGJ 相对传统无织构麻花钻都有较好的散热效果,其中 TG 下降了 7.329%,TGJ 下降了 7.467%,而 TGJ 较 TG 下降了 0.149%;分析表明织构的置入,减少了刀具实际加工表面与被加工件的接触面积,减少了摩擦系数,从而减少摩擦阻力,并且织构的置入由于织构存在缝隙区域,增大了钻屑的散热面积,从而减少了钻削温度。

3. 磨损程度

如图 2.59 为三种麻花钻在干钻钛合金(TC4)的模拟仿真进程中,随着钻削深度增大的累积磨损深度云图。结合柱状图(图 2.60)三种麻花钻的钻削磨损性能的影响。对比无织构 TGJ 下降最多为 15.16%,TG 下降了 3.79%,而 TGJ 较 TG 下降了 11.822%。

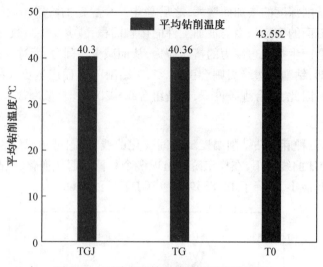

图 2.58　三种麻花钻平均钻削温度柱状图

刀具累积磨损深度/mm

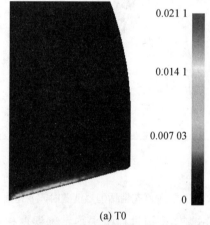

(a) T0

刀具累积磨损深度/mm

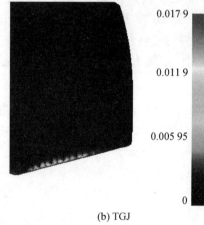

(b) TGJ

图 2.59　三种麻花钻累积磨损深度云图

刀具累积磨损深度/mm

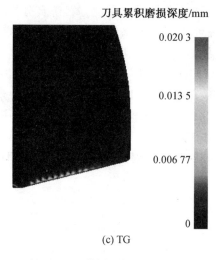

(c) TG

续图 2.59

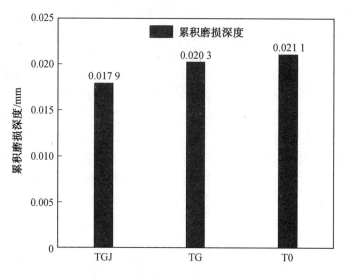

图 2.60　三种麻花钻累积磨损深度柱状图

综上所述,分析得出置入微织构不仅减少了麻花钻前刀面的实际表面与被加工件的接触面积,减少摩擦系数,而且织构边缘与被加工件接触时会产生类似边缘力的挤压应力,改善钻屑的运动方向以及排屑速度,刀-屑的接触时间,从而减少钻头的磨损程度,而过大的织构面积导致钻削进入织构内部,钻削与边缘刃则会引起"二次钻削",从而产生更大的边缘应力抵消织构的减摩作用。因此,在合理条件下,创新组合织构 TGJ 织构减摩效果最为显著,最终验证织构宽度为 50 μm,织构中心间距为 150 μm,织构深度为 50 μm 的组合织构 TGJ(三角形加条形沟槽)麻花钻为最优钻削性能参数组合方案。

2.6.3　小结

本节通过上一节的优选方案(分别为深度与宽度 50 μm,织构间距 100 μm 即中心间距 150 μm)为最优参数方案,最后通过对比传统微织构麻花钻和常见的单一条形沟槽织构麻花钻与本书组合织构 TGJ 麻花钻进行最优方案仿真分析,分析模拟结果表明:在干钻钛合金(TC4)的情况下,置入表面仿生微织构的标准麻花钻刀具具有降低钻削力、钻削温度、累积磨损深度和改变钻屑运动方向并利于排屑的作用。其中组合织构 TGJ 麻花钻"凸起阶段"最大钻削力比标准麻花钻下降 26.911%,且钻削波动最为稳定;钻削温度较小下降了 16.29%;磨损深度下降了 15.16% 为织构麻花钻中最为优良的结构织构麻花钻。最终确定距离主切削刃 100 μm,织构宽度为 50 μm,织构中心间距为 150 μm,织构深度为 50 μm 为最优组合织构参数方案。

因此,本书对微织构麻花钻进行有限元仿真实验为以后研究麻花钻钻削性能变化规律提供了重要参考价值。

2.7　结　论

本书以微织构麻花钻对钻削钛合金(TC4)的钻削性能影响为主要研究对象,利用有限元仿真分析软件 Deform-3D 对其针对钻削过程中钻削力、钻削温度、累积磨损程度和钻屑形貌进行系统的仿真研究,对现实中钛合金的钻削性能和表面织构的减摩抗磨机理有着重要的理论参考和方法借鉴。本书得出的主要研究结果和结论如下:

首先,通过建立 7 种微织构麻花钻进行干钻钛合金(TC4)的模拟仿真研究,得出不同微织构钻头的钻削力、钻削温度、累积磨损深度和钻屑形貌的变化规律。分析结果表明,置入表面仿生微织构的标准麻花钻刀具具有降低钻削力、降低钻削温度、减少累积磨损深度和改变钻屑运动方向、分散磨损保护刀具并利于排屑的作用。初步得出本书组合微织构 TGJ(条形沟槽与三角形微坑的组合织构)为最优仿生微织构方案。因此,为探索组合织构 TGJ 各项参数的改变对钻削过程中钻削力、钻削温度和累积磨损深度的变化情况,以便确定最终组合织构 TGJ 的最优参数组合形式,本书分别对其宽度、间距和深度进行了单一因素变量的对比研究。仿真结果表明,钻头在模拟钻削过程中,实际加工刀面与被加工件接触面积越少(即被加工件单位面积接触的织构数量越多),摩擦系数越小,摩擦阻力越小,散热面积越大,从而织构改善钻削性能的效果越突出;反之,越是适得其反。因此在条件合理的情况下,增加 TGJ 麻花钻的织构宽度,对麻花钻的前刀面磨损、钻削温度还有钻削力等钻削评价指标都有较好的改良作用,而过大的织构宽度对钻削过程及其钻削性能的影响不太显著;同理,合理减少 TGJZ 组合织构麻花钻的织构间距对于钻削过程中的钻削温度、累积磨损量还有钻削力都有明显降低的效果,而过大的织构间距往往就是适得其反;而随着 TGJ 织构深度的增加,钻削过程中钻削温度、累积磨损量还有钻削力改善就不这么明显,因此,存在最优的 TGJ 织构深度,使得织构减摩抗磨的效果更好运用于实际加工中。

在条件合理的情况下,增加 TGJ 麻花钻的织构宽度,对麻花钻的前刀面磨损、钻削温度还有钻削力等钻削评价指标都有较好的改良作用,随着织构宽度的增大其累积磨损深度呈现先递减后递增的变化规律,其中相比无织构麻花钻 TGJZ 组合织构钻削力下降 45%,钻削温度下降了 7.61%,磨损深度下降了 15.17%,因此,确定了在相同深度间距的情况下存在宽度位于 40 ~ 50 μm 区间内为织构最佳宽度参数。

同理,合理减少 TGJZ 组合织构麻花钻的织构中心间距对于钻削过程中的钻削温度、累积磨损量还有钻削力都有明显降低的效果,随着织构间距的增大其累积磨损深度呈现先递减后递增的变化规律,其中相比无织构麻花钻 TGJZ150 组合织构钻削力下降 45.001% ,钻削温度下降了 7.61% ,磨损深度下降了 15.17% ,大体实现数据都有较好的优选效果,因此,确定了在相同深度、宽度的情况下存在织构中心间距位于 125~150 μm 区间内织构最佳中心间距结构参数。整体仿真结果表明织构的置入对标准麻花钻的钻削性能具有良好的改善作用,因此对于刀具寿命方面也会对刀具有较好的保护作用。

随着 TGJ 织构深度的增加钻削过程中钻削温度、累积磨损量还有钻削力改善相对间距、宽度效果较为显著,随着深度的增加磨损深度呈现缓慢递增的变化规律,其中相比无织构麻花钻 TGJZ150X 组合织构钻削力下降 45.001% ,钻削温度下降了 7.61% ,磨损深度下降了 15.17% ,因此,存在最优的 TGJ 织构深度,使得织构减摩抗磨的效果更好运用于实际加工中。因此,确定了在相同中心间距、宽度的情况下存在织构深度位于 50~75 μm 区间内为织构最佳深度参数。

综上所述,确定组合织构 TGJ 为最优结构方案,通过三组调整宽度、间距和深度对麻花钻钻削力、钻削温度和累积磨损深度等钻削性能的仿真分析,初步验证其织构宽度为 50 μm ,织构中心间距为 150 μm ,织构深度为 50 μm 时,织构效果较为突出。因此,为了完善并优选出最优的微织构方案,针对无织构 T0 和单一条形槽与创新组合微织构 TGJ 进行仿真分析,TGJ 各项因素钻削力、钻削温度和累积磨损深度均为最小,其中 TGJ 磨损相对 T0 下降了 15.16% ,相对 TG 下降了 11.822% ,因此,在合理条件下,创新组合织构 TGJ 织构减摩效果最为显著,最终验证织构宽度为 50 μm ,织构中心间距为 150 μm ,织构深度为 50 μm 的创新组合织构 TGJ(三角形加条形沟槽)麻花钻为最优钻削性能参数组合方案。

第3章　组合型微织构在车削
加工中的仿真研究

3.1　目的及意义

目前,随着全球能源危机日益加深,以及燃烧化石能源产生的温室气体引起气候变化,加上世界各国越来越重视生态环境,世界人民对清洁能源的需求越来越大。太阳能和风能作为世界最主要的清洁能源,与太阳能相比,风能有极大的优势。首先,风能发电比太阳能环保,太阳能发电板的生产过程中需要高纯度的硅,提取高纯度硅的过程产生较大的污染,而且太阳能发电板会产生光污染。而风能发电则没有这方面的问题。风能发电机叶扇轴轴承是风能发电机的核心零部件,其性能好坏直接决定了风能发电机的寿命,因此提高轴承的加工工艺性对减少风能发电机的制造成本十分重要。

在切削加工金属的时候,因为金属的切削层、切削留下的屑皮和工件表面这一层的金属,都有弹性变形和塑性变形,除此之外还有刀具与切肩、工件表层之间相互运动造成的摩擦,切削所造成变形的区域内会因为摩擦产生大量的热量,在工作条件高温、高压的情况下,容易使刀具磨损得很快,甚至会失效,也就是说刀具使用寿命会下降,除此之外还有工件表面残余应力、降低刀具表面精度、加工的表面硬化导致磨损严重等,这些现象会使得已加工完的工件表面的质量降低。如今,机械加工技术看重的是速度和效率、精度都越高越好,切削加工所必需的基础工具——刀具,它的切削性会直接对生产加工的质量和效率造成影响,使得整个制造工业的生产技术水平受到影响。所以,在切削加工过程中,重点研究的就是使得工件表面加工的质量得到保证,使得刀具磨损下降,从而使刀具使用寿命更长。

大型风力发电机用轴承圈套的快速低成本加工在世界范围内都是一个难题。风能发电机叶扇轴轴承是风能发电机的核心零部件,其性能好坏直接决定了风能发电机的寿命。因此,提高轴承的加工工艺性对减少风能发电机的制造成本十分重要。目前世界范围内对轴承钢这种表面硬而脆的材料普遍采用磨削加工的技术,这种加工方式的优点是加工技术成熟、加工产品的质量高,表面质量好;缺点就是耗时长、成本高。世界需要一种新的加工方式来对轴承钢进行加工,这种加工方式要耗时短、成本低并且加工出的产品表面质量要好,于是对轴承钢的硬切削加工方式出现在人们的视野。硬切削是指加工硬度超过45HRC 的钢材或其他硬质材料。这种加工方式技术难度高,研究的人较少,目前技术还不成熟。但是一旦研究出了成果会为加工硬质材料的企业提供一种新的加工思路,有利于减少加工成本、提高生产效率。精磨产生的高温会造成被加工件表面晶粒损伤进而造成被加工件表面磨损,这样在使用过程中容易使轴承产生疲劳断裂。而采用硬车的加工方式,不会对加工表面产生二次磨损,但是传统车刀在加工轴承钢等硬质材料磨损较为严重,为保证加工质量,需要频繁换刀,增加了辅助加工时间,严重制约了生产效率的提升,从而导致生产成本和资源消耗相当高。

因此,研发可为硬车轴承钢的组合型微织构刀具,对于大型轴承外圈车削加工生产增效的组合微织构仿生刀具,对于提高切削刀具使用寿命,丰富和完善切削刀具设计理论,有着重要的理论价值与现实意义。

3.2　轴承钢加工研究现状

1.轴承钢加工国外研究现状

早在 19 世纪末 20 世纪初轴承钢就首先出现在欧洲,国外对轴承钢的加工技术起步较早,在 20 世纪五六十年代苏联的车里雅宾斯克冶金工厂的克洛索夫等工程师就开始对轴承钢的加工技术进行改进,使得滚珠轴承钢的质量得到提高。此后,轴承钢的加工工艺越来越高,从 20 世纪 60～70 年代开始硬态切削技术就得到了极大的关注,他可以代替传统的磨削加工对高硬度材料进行精密加工,由于其具有加工时间短、加工精度高、加工成本低等优点在制造业各个领域应用广泛。目前,Ashok Kumar Sahoo 等人研究表明,涂层刀具对轴承钢的切削有较大的影响,使用表面涂层刀具对 AISI52100 轴承钢进行切削时能有效提高加工表面质量和降低工件残余应力。

对大型轴承的质量检查而言,大都采用声波检查,国内外的许多研究集中在对火车轮轴的超声波检测上。德国的 Bvv 公司开发出了一种对火车轮轴的超声检测系统,实现了较高的自动化,而且检测速度快,精度高,但仍存在一定的检测盲区;俄罗斯 Nishny Tagil 公司开发火车轮轴的超声检测系统,它的优点是实现了自动化检测,检测速度变得更快,可靠性高,可视化程度高,但仍然存在一定的检查盲区。

总体来说,轴承钢的加工还以磨削为主,硬切削还不成熟,研究还有待深入。

2.轴承钢加工国内研究现状

国内从 1951 年开始生产轴承钢,在轴承钢的加工方面,虽然目前与国外的主要加工设备差异不大,但由于冶炼工艺、操作水平,以及控轧控冷工艺、参数控制及检验检测及自动化能力的不同,而导致不同的轴承钢冶金质量,导致我国高品质轴承用钢与国外产品差距过大。如上海工程技术大学与上海轴承技术研究所的丁红汉和杭鲁滨等人在针对磨削加工中套圈精度不足,进行的精密硬车削轴承套圈的研究中得到了精密硬车削可达到磨削精度的结论,并且得出精密加工阶段刀具的磨损量是控制套圈圆度的重要工艺指标的结论。牛腱地等的研究中得出基于竹鼠切牙仿生微织构刀具既能使得刀具降低主切削力又能使其具有更好的结果刚度。虽然国内研究取得一定的进展但是与欧美相比仍有一定的差距。

大型风电用轴承外圈如图 3.1 所示。

图 3.1 大型风电用轴承外圈

3.3 仿生微织构刀具研究现状

1. 仿生微织构刀具国外研究现状

国外对仿真微织构刀具研究起步较早,1980 年自从国外资深研究者 S. M. Rohde 首次提出了微观表面非光滑表面具有减少摩擦力作用的方法以来,国内外学者纷纷对金属加工刀具置入表面放生微织构进行了研究与探讨。目前,日本学者 T. Enomoto,在研究避免铝合金切削加工时的黏刀现象的发生,发现在前刀面置入微织构可以有效解决刀具黏结磨损问题。

美国 Shuting Lei 等人提出运用有限元方法对置入织构的车刀前刀面(硬质合金刀具)进行力学性能分析,然后利用光刻技术制备了前刀面微小凹坑,并对其进行油润滑,最后通过试验发现与普通刀具相比较,前刀面只有微小凹坑织构的刀具的平均切削力减少了 10% ~ 30%,与刀屑的接触长度约减少了 30%。试验证明,在置入微织构的车刀前刀面加润滑剂对切削的效果相当好。

Kawasegi 等人在车刀表面横竖切削流位置上利用光刻技术在硬质合金车刀上制备沟槽型微织构,通过切削试验发现,由于微织构的存在其加工过程中切削力均有所降低,实验得出在切削加工下与切削流竖直的方向的微织构效果最好;而与切削流横向分布的微织构的效果相对来说就不是很好了。

2. 仿生微织构刀具国内研究现状

合肥工业大学杨海东等人研究了刀具表面微织构的切削机理,通过比较光刻技术、电火花加工技术和激光加工技术的优缺点,选用激光加工技术,使用 YLP-F10 型激光打标机在 YT15 型车刀上建立凹坑型微织构,对 45 号钢进行切削,得出了相比于无织构车刀,微织构车刀能有效降低切削力,主要是由于微织构的引入降低了实际接触面积,从而降低了剪切力的结论,提出并验证了圆形凹坑阵列微织构的直径、接触区占有面积及凹坑深度对刀具与工件之间摩擦系数的影响;在此基础上发现切削三要素中切削深度对刀具磨损影响更大。

北京理工大学陈碧冲等人进行了仿生微坑——槽复合织构陶瓷刀具硬车削性能研

究,基于鲨鱼表皮与蜣螂表皮,在陶瓷车刀前刀面置入了微坑织构、微槽织构以及微坑微槽组合织构,通过有限元软件模拟不同切削速度下刀具干切 GCr15 的刀具磨损情况,得出微坑织构车刀在低速切削时表现最好,微槽织构车刀在中速切削时表现最好,而组合车刀在各种速度下表现均最好的结论。

山东大学程锐等人发现凹槽型微织构车刀不同的微织构形式(图 3.2)对切削 42CrMo、CH4169、TC4、45 钢以及 7050 铝合金材料时对切削温度和其切削力有不同的影响,其中沿流屑方向的微织构模型最有利于减小切削力和切削温度。

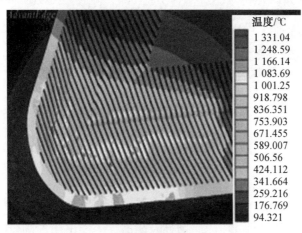

(a) 织构与流屑成-25°

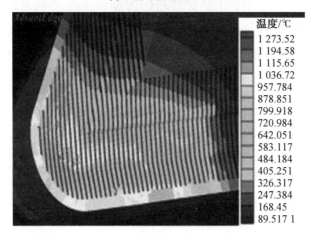

(b) 织构沿切屑方向

图 3.2　凹槽型微织构车刀不同的微织构形式

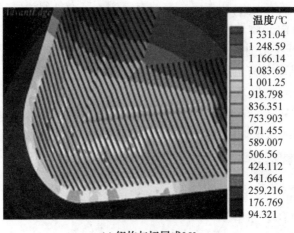

(c) 织构与切屑成25°

续图 3.2

3.4　主要研究内容

本章以大型风力发电用轴承钢材料 42CrMo4 轴承钢的硬切削为研究对象,基于 42CrMo4 具有较高的硬度和强度、耐腐蚀性及耐磨性等突出优点,但其在加工过程中,不易切削、材料摩擦热高、单位面积上的切削力大、冷硬化严重、刀具易磨损等特点,使其在加工过程中前刀面的滑动摩擦行程变大以及切削温度高造成刀具磨损严重。本章研究了基于 Deform-3D 软件以仿真微织构刀具对其硬切削过程的仿真分析,以刀具磨损量、应力应变场等参数作为判断依据,判断哪种仿生微织构刀具最适合对 42CrMo4 轴承钢进行硬切。首先利用 UG12.0 对刀具进行建模,之后在刀具前刀面导入微织构,最后将其导入 Deform-3D 软件进行仿真模拟,分析各微织构车刀对硬车 42CrMo4 材料的影响,并选出最合适的微织构组合方案。主要工作内容如下。

1. 建立刀具模型并且导入微织构

在 UG12.0 里面建立刀具模型,选用一款比较常见的硬质合金车刀 DNMG120202,分别在车刀前刀面建立矩形微织构、三角形微织构、椭圆形微织构、球形微织构、矩形与椭圆形组合型微织构、矩形与正三角形组合型微织构。

2. 基于 Deform-3D 对刀具切削过程进行仿真研究

根据表面微织构的尺寸特点制定可靠性的运算数据(即转速、进给量、热传导系数、摩擦系数、工作温度、网格划分与时间步长,等等),再利用有限元 Deform-3D 求解器对所有微织构车刀进行模拟硬切轴承钢(42CrMo4)的仿真实验,并通过仿真分析切削过程中的切削力、刀具累积磨损深度、前刀面的温度和切屑的形貌优选最好结构方案。比较分析了不同形状和尺寸参数的表面微纹理车刀的车削性能和表面接触状况。在所有实验数据中,选择最优的织构方案再研究其不同参数的宽度、间距和深度对表面织构切削性能变化规律的影响和它们的运算工作机理,验证织构改善切削性能的准确性,最后确定最优形状尺寸参数为此实验的目的方案。

3.5　Deform-3D 软件的介绍与仿真模型的建立

3.5.1　Deform-3D 软件的介绍

目前有限元在军工、医疗器械、机械工程等各大领域都有其至关重要的功能地位。其种类众多如 Deform、Ansys、Abaqus、Adina 等仿真软件,它们在不同的领域有其相通之处也有各自的优势及特点,像 ANSYS 是通用结构分析软件,Adina 和 Abaqus 同样是非线性分析软件,而 Deform 是具有一套工艺模拟系统、储存丰富的材料库(几乎包含了所有常用材料的弹、塑性变形数据、热能及热交换数据、硬化材料数据、晶粒长大数据和破坏数据)、多种迭代方法(直接迭代法和牛顿拉森法)的有限元系统(FEM),不仅鲁棒性好,而且易于使用,总而言之 Deform-3D 软件是模拟 3D 材料的理想工具。

Deform-3D 具有完善的 STL、SLA 等格式的 CAD 和 CAE 接口,其操作起来较为浅显易懂,工程师可以借助计算机通过三维软件设定模型提出工艺流程并模拟整个金属切削的过程,从而可以减少许多昂贵的试验成本。通过 CAE 技术的应用和运算效率的提高,从而降低生产和材料的成本,提高了产品质量,缩短了新型产品的研发周期,更重要的是获得更好的经济效益,赢得更宝贵的时间。

Deform-3D 可以对复杂的零件、磨具进行三维流动分析,并能提供适用于冷热温成形的大量工艺数据分析,如材料流动、磨具应力(最大应力、等效应力等)、晶粒流动、金属刀具微织构和破坏数据分析等。Deform 软件可以通过 Pre-Processor 处理边界条件还可以对复杂零件进行自动网格划分,要求精度高的区域亦可以通过局部细化,从而保障计算精度要求,是一个集成多种材料模型(刚性、弹性、塑性、弹塑性、粉末等)、成形、建模、热传导综合性的三维模拟仿真软件。

3.5.2　Deform-3D 软件的功能模块

Deform-3D 软件主页面(图 3.3)由 Pre-Processor、Simulator 和 Post-Processor 三大模块结构组成。其仿真模块主要包括 8 个过程:材料温度属性设定、几何模型建立、网格划分、运动参数的定义和边界条件、材料性质、求解和后处理。

1. 建立几何模型

一般情况下有限元分析软件自带一些比较简单的几何模型,从而满足初学者对简单模型结构仿真分析的需求。形如锻造的上下模和模拟件的 KEY 文件及三维模拟车刀的简单模型(图 3.4),均可供技术人员参考使用。而包含自由曲面曲线的模具,就需要利用二维的 CAD 和三维的 Pro/E 或 SolidWorks 进行外部建模,再通过常用的接口 IGES、STL、VDA 等读入模型,最后针对有些模型出现曲面重叠、缝隙不满足有限元的正常要求,所以导入后需要进行缺陷检查,几何清理不必要的计算量之后方可供三维软件正常运行。

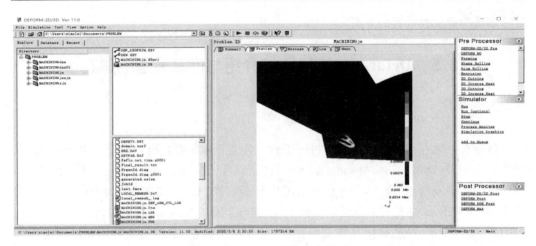

图 3.3　Deform-3D 软件主界面

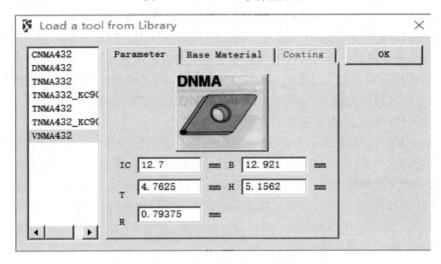

图 3.4　Deform-3Dcutting 自建刀具模型页面

2. 建立有限元分析模型

首先,需要针对新建立的 New Problem(新提案)几何结构进行离散化网格划分,根据 New Problem 要求的几何结构和受力情况有针对性地对几何体进行整体单元化操作。一般三角形单元网格和四面形单元网格的几何适应性比较强,但计算精度偏低,而四边形和六边形单元克服了这项缺陷其计算精度比前者要高得多,然而对于复杂的几何体四边形和六边形单元在运算的过程中出现 REMESHING 停滞不前的情况导致运算难以对其自动剖分。

其次,用户根据预先要求的工艺流程,参照材料物理性能(如密度、热容、热传导系数、弹性模量和泊松比等)再对 New Problem 几何结构选择材料模型,例如对于热锻造 New Problem,应选择黏塑性模型;对于冷锻造 New Problem,应选择损伤模型;对于冲压成型 New Problem,应选择塑性各向异性材料模型,等等。

最后,根据不同成型方法,选择不同求解算法,例如对于纯静态成型,则选用静力算法求解;对于高速运转成型,则选用动力算法求解;对于不易收敛的静态成型,可用动力算法求解;而体积成型的模型,为了减少计算量,提高精度要求,应选用刚塑性有限元法已达到工作要求。

3. 定义刀具和边界条件

用户可以采用对称性条件,对刀具工件进行 xyz 方向的约束以及热分析中温度变化情况需要用过边界条件定义环境温度和表面热传导系数。而定义刀具便可解决外界导入模具的位置和运动错乱的问题,并对其进行接触校正、摩擦数据的输入和其他参数的定义。

4. 求解器

求解阶段(图 3.5)属于高度非线性性质时需要一段漫长持久的时间,通常 Running 的情况下推出 DB 文件是无须人为干预的,用户可以通过 Process Monitor 窗口随时对检查计算所得出的结果进行追踪监控,如果出现异常现象,用户也可以及时停止运行。如果途中终止过,用户可以从终止时刻开始运行,以免造成不必要的时间耗费。在塑性成形中,网格可能会发生畸变、重叠,出现 Remeshing 的情况。在这种情况下,软件会自行重新划分网格,从而确保计算的准确性。本书默认采用稀疏矩阵求解法,如图 3.6 所示。

图 3.5　Deform 仿真监控及求解界面

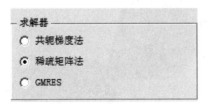

图 3.6　Deform 求解器的选择

5. 后处理

后处理 Post Processor 中点击"DEFORM-3D/2D Post"(图 3.7)主要是呈现对 Deform 大量运算之后庞大数据的解释,用于显示运行结果的变形形状、模型的工作磨损深度云图、工件寿命图、温度变化曲线和应力-应变云图等动画显示,用户可以根据需求对其进行点面追踪获取信息抽取数据等。

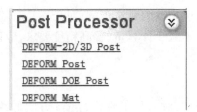

图 3.7　Deform 后处理进入界面

3.5.3　Deform 三维仿真模型的建立

1. 几何模型和网格划分

根据本书题目研究对象主要为硬质合金车刀与轴承钢,为了方便运算提高运算准确性,切削时有足够的面积与工件接触,因此定义工件为塑性材料直径 $D=50$ mm,20°弧度的圆柱。

Deform-3D 具有相对网格划分以及绝对网格划分两种方式,均是采用自适应性的网格划分技术给仿真模型进行网格划分的,高质量的网格划分可以节省不必要的计算时间,提高运算的准确性,因此为了能够明显在网格中表达微织构的形状,防止过大网格单元破坏微织构,本书的工具工件均采用相对划分网格的方式,即车刀的尺寸比为 6,网格元素为 50 000 个,前刀面微织构处为了减少运算量在织构上引用两个最小网格尺寸为0.1 mm的 Window 将其局部细化;设置工件最大单元与最小单元的尺寸比为 0.1,网格划分如图3.8 所示。

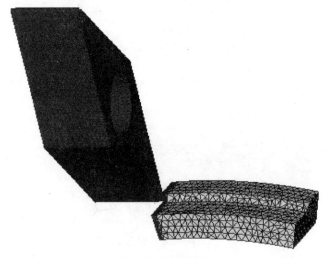

图 3.8　网格划分

2. 材料模型和切屑分离准则

材料的选择以及准确地描述材料的变形状况是有限元数值仿真模拟的基础。本书所采用的工件材料是轴承钢 42CrMo4,而轴承钢在加工过程中弹性模量大,对于去除后的表面不易反弹,不易与刀具后表面产生剧烈的摩擦;其塑性低、硬度高易与切削刃磨损;容易生成硬度很高的硬质层磨损刀具,在选择刀具材料方面要求有一定的硬度和耐磨性,与轴承钢的亲和力差,又能提高切削速度和进给,延长刀具寿命,Deform 材料库中更为可靠,选用 WC 基硬质合金车刀。工件和材料的物理性能参数如表 3.1 所示。

表 3.1　工件和材料的物理性能参数

材料	性能			
	杨氏模量/GPa	泊松比	热传导率/($N \cdot s^{-1} \cdot mm^{-1} \cdot ℃^{-1}$)	常温温度/℃
WC	650	0.25	1	20
42CrMo4	不考虑	0.3	45	20

金属加工过程是一个极其复杂的非线性问题,运算伴随着工件材料被不断分离的过程。简言之一个能够真实反映切削性质的分离准则,才能够合理地反映金属加工的结果。加工的过程材料既有弹性变形,也会有塑性变形。本书考虑到工具工件的材料模型分别赋予他们不同的等向性分离准则,公式如下:

车刀采用幂指数规则(Power law)为

$$\bar{\sigma} = c\, \bar{\varepsilon}^n\, \dot{\bar{\varepsilon}}^m + y \tag{3.1}$$

工件采用表格形式为

$$\bar{\sigma} = \bar{\sigma}(\bar{\varepsilon}, \dot{\bar{\varepsilon}}, T) \tag{3.2}$$

式中　　$\bar{\sigma}$—— 变形应力,Pa;

m—— 应变率指数;

$\bar{\varepsilon}$—— 等效应变;

n—— 加工硬化系数;

$\dot{\bar{\varepsilon}}$—— 等效应变率;

c—— 材料常数;

y—— 起始屈服值;

T—— 温度,℃。

3. 边界条件的定义

如图 3.9 为模拟件与下模的边界条件形式示意图,由于金属切削加工工程通常伴随着剧烈的震动,因此被加工工件需要施加完全边界约束限制所有自由度;车刀的工作方向沿着+y 轴方向。设定切削表面速度为 $n = 104.67$ m/min,切削深度为 0.5 mm,进给速度为 0.3 m/r。设定在常温20 ℃条件下硬切,工件与刀具仿真模拟的摩擦类型采用剪切摩擦系数为 0.6。热传导系数如表 3.1 所示。

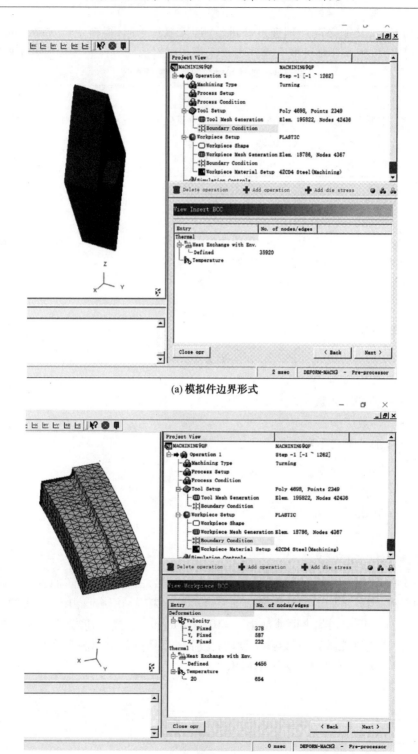

(a) 模拟件边界形式

(b) 下模边界形式

图 3.9　模拟件与下模的边界条件形式示意图

4. 仿真控制设定和刀具磨损模型

Deform-3D 在模拟仿真控制设定中,有 SI(国际标准)和 English 两种单位指标,为了便于运算本书设置为国标 SI。通常在定义足够模拟总步数的情况下,仿真会一直进行下去直至加工到指定本书切削距离为 15 mm 位置为止,反之步数太少不足以达到预测目标位置,则达到设定步数便会自动停滞运行,因此为了达到要求,确保结果的准确性,避免不必要的运算时间长,本书设定试验仿真总步数为 2 000。由于步长的确定兼顾着求解精度和效率,若步长太长可能导致网格迅速蜕变,使得仿真运算的精度大幅降低,甚至影响到速度解的收敛,而步长太小,能保证高的计算精度,但带来了不必要的计算时耗,降低仿真效率,因此步长不宜太长也不宜太短,取时间步长经验值 0.02 s 即可。步数增量影响计算精度,一般取总步数的 1/10,为了节省时间确保精度运算本书设为 20,即为每运行 20步保存一次模拟数据。迭代法的选择中考虑到收敛性问题,牛顿拉森迭代具有强的速度收敛性,而当计算不能即时收敛时,模拟仿真便会自动调用直接迭代法进行运算,因此本书仿真选用直接迭代法,如图 3.10 所示。

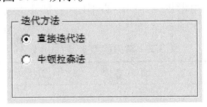

图 3.10　迭代法选择

Deform-3D 在模拟控制模具磨耗中具有 Archard 模型和 Usui 模型两种可用的磨损模块。Archard 模型通常适用于不连续加工,如冷(热)锻等;而 Usui 模型在连续加工方面更适合金属切削,是定性模拟分析,Usui 的数学公式如式(3.3)。故本书采用 Usui 磨损模型对刀具的磨损进行预测。

$$w = \int apVe^{-b/T}\mathrm{d}t \tag{3.3}$$

式中　　w——累积磨损量,mm;

　　　　p——工作压力,Pa;

　　　　T——绝对温度,℃;

　　　　$\mathrm{d}t$——时间增量,s;

　　　　V——钻头相对速度,m/s;

　　　　a——常数,取经验值 $a = 0.000\,000\,1$;

　　　　b——常数,取经验值 $b = 855$。

3.5.4　小结

本节针对软件的操作界面的复杂程度,以及软件鲁棒性能、数据准确性和可靠性,鉴于数据模拟更贴切实际加工真实值,最终选择了 Deform-3D 有限元仿真模型;并采用有限元仿真软件的前处理界面通过材料温度属性设定、几何模型建立、网格划分、运动参数的定义和边界条件、材料性质几个板块最终建立三维有限元仿真模型,其中包括被加工件与主模具的网格划分、材料模型与切屑分离准则的设定以及最终能够从量化反应多组数据对比分析较有效解释的 Usui 磨损模型的定义,最终通过求解器对后续的实验方案进行仿真模拟。

3.6　仿真结果与分析

对材料切削性能影响的指标有许多,但是较为主要的有:刀具的磨损、刀具表面温度、切削力及切屑形貌等。本节通过单因素对比分析各织构的刀具磨损量、刀具表面温度、切削力及切屑形貌来得到硬切轴承钢 42CrMo4 最合适的微织构车刀。

通过分析 7 种不同结构参数微织构选出最优参数方案。本书采用单因素变量分析法,通过对不同形貌微织构刀具硬切轴承钢的过程进行仿真分析,提供车刀切削力、切削温度、车刀前刀面磨损深度和切屑形貌变化状态和曲线。设计了 7 种表面微织构硬质合金车刀模型,如图 3.11 所示,分别为 M0(传统无织构)、MT(椭圆形凹坑)、MY(圆形凹坑)、MJ(矩形凹坑)、MS(三角形凹坑)、MGT(椭圆形加矩形)、MGS(矩形加三角形),车刀模型参数如表 3.2 所示。

表 3.2　车刀模型参数(μm)

序号	车刀编号	织构宽度	织构中心间距	织构深度
1	M0	0	0	0
2	MT	60	400	60
3	MY	60	400	60
4	MJ	60	400	60
5	MS	60	400	60
6	MGT	60	400	60
7	MGS	60	400	60

(a) M0

图 3.11　不同微织构车刀仿真模型

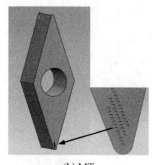

(b) MT

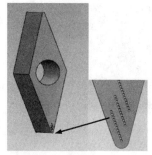

(c) MY

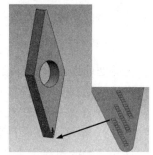

(d) MJ

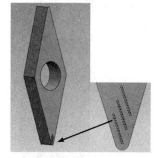

(e) MS

续图 3.11

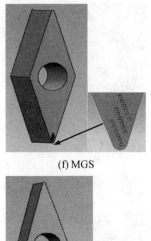

(f) MGS

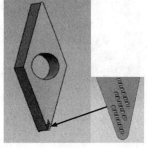

(g) MGT

续图 3.11

1. 切削仿真过程

切削仿真过程如图 3.12 所示,在后处理界面中,假设工件静止,刀具绕着几何中心轴以一定角速度对着工件做定轴旋转进给运动,模拟仿真过程其实就是对网格进行仿真模拟运算,通过各个节点不断"分离—合成—分离—合成"在前刀面切削的作用下切屑与工件表面发生分离,其切屑随着旋转的同时切屑弯曲变形直至从工件表面中脱离出来,实现了完整车削效果。因此前刀面与工件相接触的边缘为主切削刃(即主切削运动方向)。

Step 270   Step 450

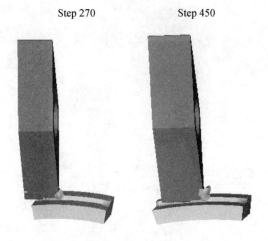

图 3.12   切削仿真过程

2. 切削力

在金属切削过程中,工件材料在刀具的挤压下不断被切离,会形成复杂的应力场和温度场,工件受热部分由于热胀冷缩效应会增长,未受热部分对其产生挤压,阻止其变长从而产生压应力。工件与车刀之间发生复杂的弹性和塑形变形,切削力的公式可以表示为:主切削力 F_c、背向力 F_P 和进给力 F_f 的矢量和 F_F,其表达式为

$$\begin{cases} F_c = C_{Fc} \cdot a_F{}^{x_{Fc}} \cdot f^{y_{Fc}} \cdot v_c{}^{n_{Fc}} \cdot K_{Fc} \\ F_p = C_{Fp} \cdot a_F{}^{x_{Fp}} \cdot f^{y_{Fp}} \cdot v_c{}^{n_{Fc}} \cdot K_{Fp} \\ F_f = C_{Ff} \cdot a_F{}^{x_{Ff}} \cdot f^{y_{Ff}} \cdot v_c{}^{n_{Fc}} \cdot K_{Ff} \end{cases}$$

式中　　C_{Fc}、C_{Fp}、C_{Ff}——系数;

　　　　x_{Fc}、y_{Fc}、n_{Fc}、x_{Fp}、y_{Fp}、n_{Fp}、x_{Ff}、y_{Ff}、n_{Ff}——指数;

　　　　K_{Fc}、K_{Fp}、K_{Ff}——修正系数。

图 3.13 所示为传统标准无微织构刀具 M0 与其他不同微织构车刀在相同条件下硬车轴承钢(42CrMo4)切削力随着时间的变化曲线。由于模拟仿真与实际工况相一致,图形呈现三种阶段即开始切削阶段,特征是切削力急剧增大(图中可看出为 0.000 3 s 之前的波动曲线);平缓稳定阶段,其特征是切削力稳定(图中可看出为 0.000 3 ~ 0.005 s 的波动曲线);最后是切屑切离阶段,这一阶段切削接近完成,刀具将切屑从工件切离,其特征为切削力急剧下降,最后降低到为零(如图中 0.005 s 以后曲线所示)。当仿真开始车刀刀尖前刀面切削刃从零接触面下进与轴承钢材料接触时,切削力急剧上升,到一定高度后逐渐稳定,并且在一个特定的值左右上下波动,最后再随着切削长度和时间的增加,切削力缓慢下降最后降到零。试验曲线波动不大,但是存在极为明显的异常值点,这是由于模型在仿真模拟中结构相对复杂而其网格又密集使其运行中自动 remeshing(即重新生成网格)的时候,网格细小节点产生分离和畸变所造成的网格突变化,但对曲线变化趋势影响不大;而另一种譬如 MGT 织构车刀的切削力图像中存在较大范围异常突变,这是由于模拟运算时遇到的恶意停滞和多层运算导致,使得后续磨损值等增大,影响实验真实性。图

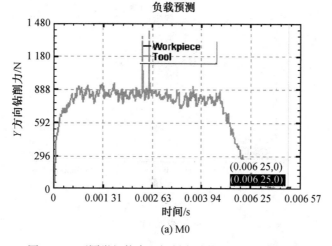

图 3.13　不同微织构车刀切削力随着时间的变化曲线

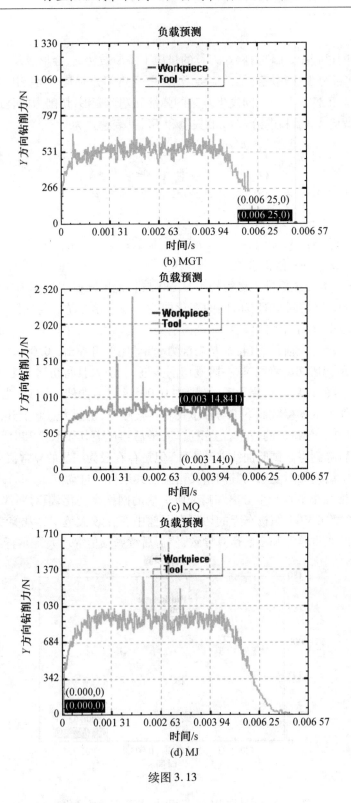

续图 3.13

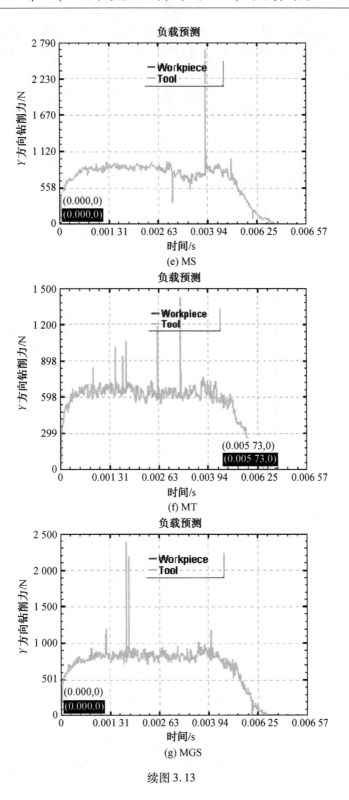

续图 3.13

3.13 中可以看出稳定阶段 M0 曲线整体波动最大,各织构车刀在稳定切削阶段,切削力波动较平稳,M0 突变明显比织构车刀少,因为相比无织构车刀,织构车刀织构太小,仿真进行时更易引起网格畸变,触发 remeshing。

将整个车削模拟仿真过程进行十等分,分别取无织构车刀和其他 6 组不同微织构车刀各过程的平均值,绘制平均切削力变化曲线如图 3.14 所示。

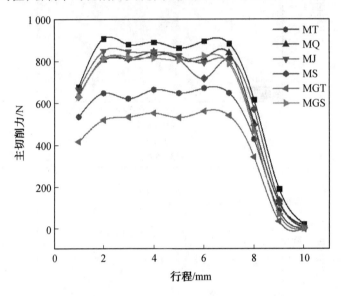

图 3.14　不同微织构车刀平均切削力变化曲线

图 3.14(7 种车刀提取相同 10 个点得出的平均主切削力变化曲线)为提取传统无微织构车刀以及 6 组织构车刀在硬切轴承钢全过程的各个小区间的主切削力的平均值做的整体示意图,通过此图可以看出稳定切削阶段传统无织构车刀 M0 整体波动幅度较大,置入表面仿生织构的车刀的主切削力波动除三角形织构外普遍比传统车刀低,其中图中 MGS 在稳定切削阶段最平缓且其切削特性无巨大突变区域,MGT 切削过程相对 MJ 稳定。分析讨论证明,主要原因是织构的置入减少了金属刀具与材料的接触面积,从而减少切削阻力,达到改善切削力的作用,降低了模拟过程中的主切削力。

3. 切削温度

图 3.15 为传统无仿生微织构 M0 与各织构车刀 MT、MQ、MJ、MS、MGT、MGS 等在模拟运行过程中前刀面温度场变化的模型图。图中可以明显看出,无织构车刀 M0 前刀面的温度最高,各微织构车刀前刀面的温度均有所减低,其中 MGJ 温度最低。M0 无织构车刀切削过程中,当刃部与材料发生碰撞剪切时,材料与金属刀具接触的部分产生弹性变形进而发生塑性变形,以产生大量切削热,再通过热传递的原理在不同温度的情况下使得金属刀具的主切削刃附近产生明显的如图中红斑的高温区分布区域,显然刀具前刀面呈现温度梯度分布,最高温度集中在主切削刃附近(如图红斑部位最高,橙黄其次等等)。与之相比微织构车刀 MT、MQ、MJ、MS、MGT、MGS,红斑区呈现模拟中规律向织构位置扩散开来,并没有形成集中高温切削区,且相同位置下织构车刀相比 M0 传统车刀温度要小得多。

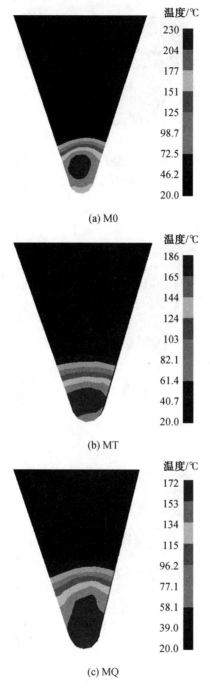

(a) M0

(b) MT

(c) MQ

图 3.15 车刀前刀面温度分布图

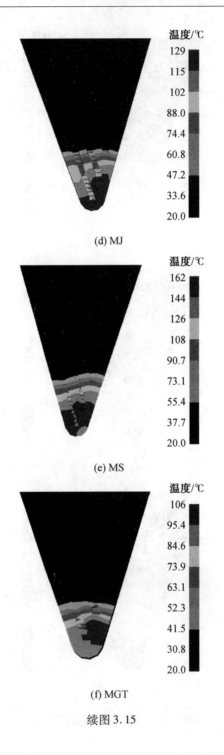

(d) MJ

(e) MS

(f) MGT

续图 3.15

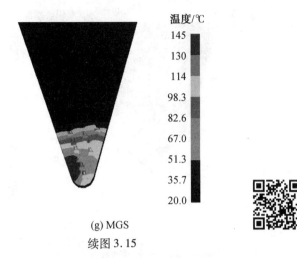

(g) MGS

续图 3.15

经过分析,热源很可能是车刀与材料高速运动时相接触后接触面互相摩擦产生的,而微织构的置入减少了刀具切削部位与刀屑的接触时间以及减少接触面积的原因,降低了接触摩擦系数,从而减少摩擦热量的产生;由于材料与织构切削部位接触时,织构与材料发生摩擦,产生摩擦热,故高层温度主体是扩散到织构附近的形式显示,且相对于 M0 传统车刀,由于矩形存在的间隙原因,织构车刀的散热面积较大,其他织构相对最小,MGT 下降了 43.81%,MGS 下降了 35.84%,MJ 下降了 42.92%,因此刀具主切削刃部位并没有高温集中区。证明织构的置入对前刀面温度分布有改善的作用。

4. 磨损深度

图 3.16 为传统无仿生微织构 M0 与各织构车刀 MT、MQ、MJ、MGT、MGS 等在模拟运行过程中前刀面累积磨损程度的模型图。从图 3.16(a) M0 中看出,车刀前刀面切削部位磨损成微小阶梯状排布,磨损程度相对织构车刀较大,且大面积集中分布在主切削部位,这是由于切削过程中各种磨粒磨损等机械摩擦,及刀具切削刃与切屑之间存在较大的压力,达到一定温度后,加工接触部分产生黏结点,黏结点会随着切削的进行分离破解带走刀具表面的微粒的黏结磨损,抑或是高温(对比温度分布图与磨损分布图)发现最大磨损

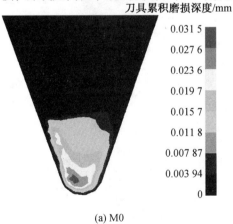

(a) M0

图 3.16　车刀主切削刃磨损形貌

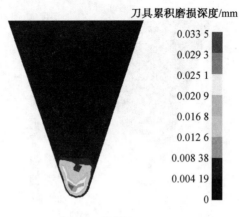

(b) MT

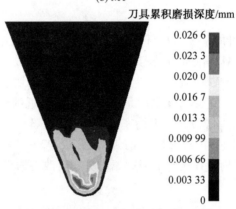

(c) MQ

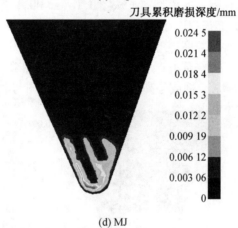

(d) MJ

续图 3.16

刀具累积磨损深度/mm

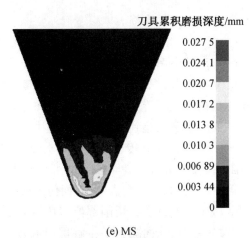

0.027 5
0.024 1
0.020 7
0.017 2
0.013 8
0.010 3
0.006 89
0.003 44
0

(e) MS

刀具累积磨损深度/mm

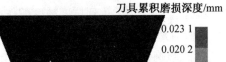
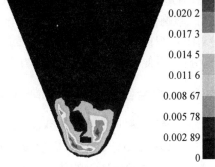

0.023 1
0.020 2
0.017 3
0.014 5
0.011 6
0.008 67
0.005 78
0.002 89
0

(f) MGT

刀具累积磨损深度/mm

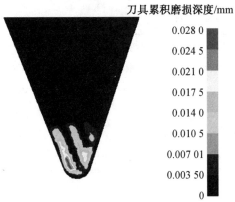

0.028 0
0.024 5
0.021 0
0.017 5
0.014 0
0.010 5
0.007 01
0.003 50
0

(g) MGS

续图 3.16

部位位于高温集中区域,造成接触面的磨损。

相较于 M0 织构车刀的置入在相同切削过程时,除了椭圆形织构车刀外,织构车刀前刀面积累磨损深度都有所下降,其中 MGT 下降幅度最大,下降了 24%,MS、MGS、MQ 下降了 15% 左右。对比传统无织构车刀,织构车刀最大磨损区域位于织构附近呈现扩散分布。仿真结果表明,仿生织构的置入改善了车刀的机械摩擦系数,减少了车削的接触面积并减少了切削热的产生,从而减小磨损起到抗磨减摩的作用。

仿真至此,通过 Deform-3D 软件建立传统无织构硬质合金车刀与 6 种不同形状结构的表面仿生微织构的三维仿真模型进行了硬车轴承钢 42CrMo4 试验,分别对他们的主削力、切削温度、累积磨损程度模拟研究。分析表明,表面仿生微织构的置入,减少了刀具与材料表面的实际接触面积、减少了刀具表面切削部位与切屑的接触时间并能够降低刀具表面与被加工材料的接触摩擦系数,从而减少了接触切削阻力,达到改善切削力的作用;增大了刀具散热面积,减少切削热的产生,达到抗磨减摩的作用。通过优化分析发现组合织构 MGT(矩形与椭圆组合织构)效果比较优良,为了深入探讨 MGT 结构其他因素对硬切轴承钢 42CrMo4 切削性能的影响,了解不同参数变化对切削过程中切削性能的变化规律,因此本书为了完善试验对组合织构 MGT 进行了改变表面织构的宽度、间距和深度,并在相同条件下进行切削仿真分析,以便得出最优结构参数方案。

3.6.1　不同宽度的 MGT 组合织构对车刀车削性能变化规律的影响

为研究不同宽度相同位置的 MGT(椭圆加矩形)组合微织构对车刀车削过程中车削力、车削温度和累积磨损程度的影响,设定 5 组不同宽度相同位置的仿生微织构(图 3.17),在相同切削条件下硬切轴承钢 42CrMo4 的仿真模拟试验方案,其几何参数如表 3.3 所示。

表 3.3　不同宽度 TGJK 组合织构的几何参数(μm)

序号	车刀编号	织构宽度	织构中心间距	织构深度
1	$MGTK_{40}$	40	400	60
2	$MGTK_{50}$	50	400	60
3	$MGTK_{60}$	60	400	60
4	$MGTK_{70}$	70	400	60
5	$MGTK_{80}$	80	400	60

1. 主切削力

对比组合仿生织构硬质合金车刀 MGT 的 5 组不同宽度相同位置下切削力情况,如图 3.19 所示。由图可以看出,在切削稳定阶段,几组模拟实验都存在波动,其中 $MGTK_{60}$ 的突变和波动情况明显,但是相比于其他宽度织构与无织构车刀,织构车刀波动明显比无织构车刀低。稳定阶段的稳定主切削力值 $MGTK_{80} < M0 < MGTK_{50} < MGTK_{40} < MGTK_{70} < MGTK_{60}$。在稳定区域宽度为 80 μm 的波动最多,就切削力而言,显然宽度 60 μm 整体波动对改善切削性能尤为显著。

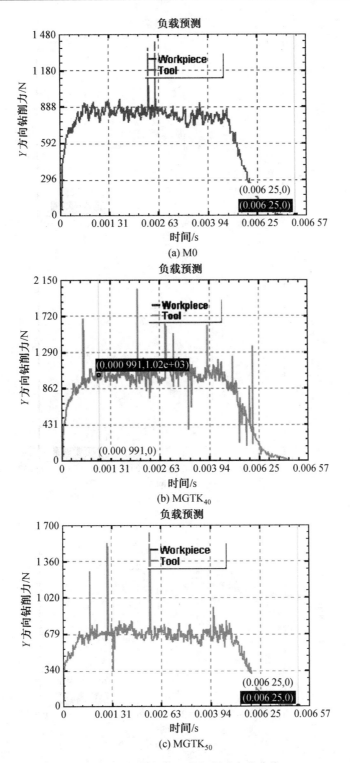

图 3.17　不同微织构刀具切削力变化曲线

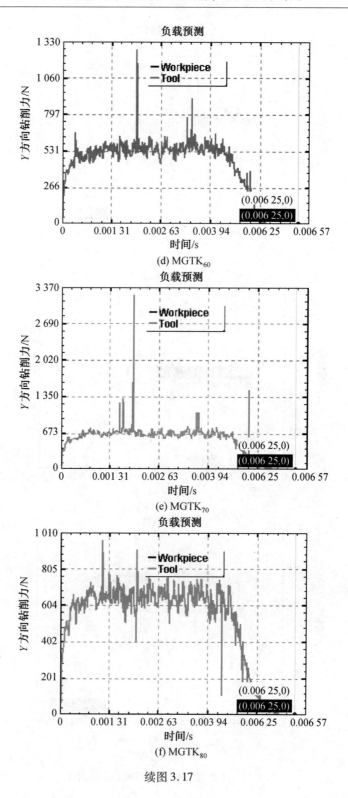

(d) MGTK$_{60}$

(e) MGTK$_{70}$

(f) MGTK$_{80}$

续图 3.17

取切削稳定阶段的 6 个点的切削力平均值作为参考值,绘制变化曲线,如图 3.18 所示。

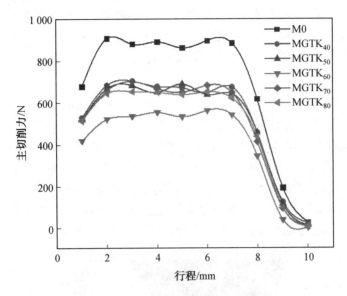

图 3.18　不同微织构刀具平均主切削力变化曲线

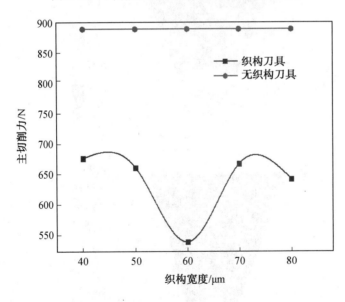

图 3.19　组合织构 MGT 不同宽度稳定阶段下平均主切削力变化示意图

结合图 3.18 和图 3.19 分析可知,在前期"开始切削阶段",MGTK$_{60}$主切削力最大,在 "稳定切削阶段"不同微织构车刀的主切削力波动明显比之前的无织构车刀小。从图 3.19 可以看出,随着织构宽度增大,主切削力呈现先减小再增大再减小的趋势,出现大波峰,其主要原因为 MGTK$_{60}$在仿真过程中网格畸变严重所导致。由图 3.18 可以明显看出,另外,随着织构宽度的平均切削力变化曲线,分析表明,硬切轴承钢 42CrMo4 的过程中,随着被加工件接触的织构宽度越大平均主切削力越小,而宽度为 40 μm 时被加工工件分离部位与刀具单位面积接触的织构数量最多,存在应力集中点,但具有分散前刀面磨损保护刀具的作用,其中宽度为 60 μm 时载荷曲线波动最为稳定,从而加工越可靠,刀具磨损越小。分析可得,随着织构宽度的增大使切屑实际接触的织构增多而减少,织构能减少的摩擦阻力较多,从而使得需求工作的切削力下降,而当宽度过大时被加工件单位面积接触微织构数量减少,导致织构宽度增大切削力也随之增大。

2. 切削温度

对比组合仿生织构硬质合金车刀 MGT 的 5 组不同宽度、相同位置下切削部位前刀面完成仿真后平均最高切削温度情况,如图 3.20 所示。由图可知,切削温度呈规律性扩散在织构附近,除无织构车刀外,其中 $MGTK_{40}$(宽度 40 μm)的组合织构硬质合金车刀的车削温度最高,$MGTK_{50}$(宽度 50 μm)小于 $MGTK_{40}$ 温度,而组合织构 $MGTK_{70}$(宽度70 μm)切削温度小于 $MGTK_{50}$(宽度 50 μm)大于 $MGTK_{80}$(宽度 80 μm)。其中,$MGTK_{70}$(宽度 70 μm)和 $MGTK_{80}$(宽度 80 μm)切削温度最为接近,但是 $MGTK_{60}$(宽度 60 μm)的温度最小。不同宽度 MGT 组合车刀前刀面温度变化曲线如图 3.21 所示。

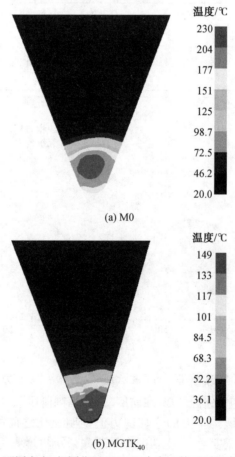

(a) M0

(b) $MGTK_{40}$

图 3.20　不同宽度、相同位置 MGT 组合车刀前刀面温度分布云图

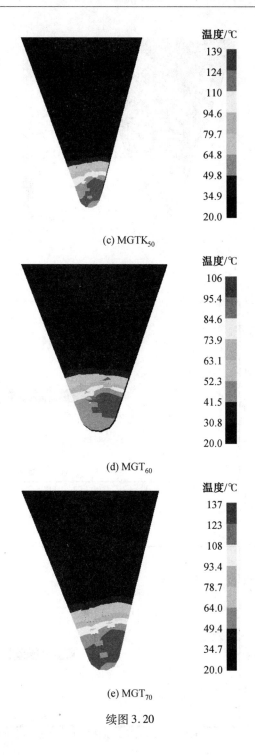

(c) MGTK$_{50}$

(d) MGT$_{60}$

(e) MGT$_{70}$

续图 3.20

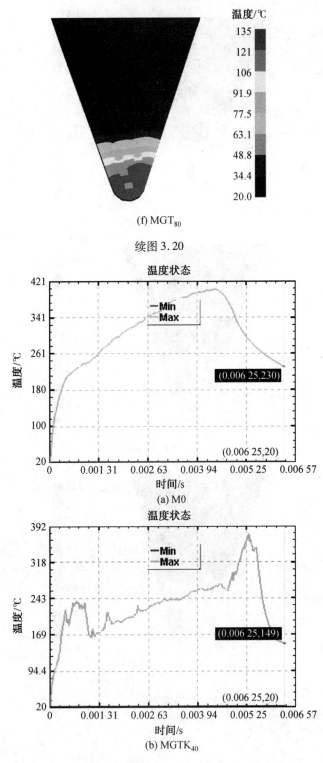

(f) MGT$_{80}$

续图 3.20

(a) M0

(b) MGTK$_{40}$

图 3.21　不同宽度 MGT 组合车刀前刀面温度变化曲线

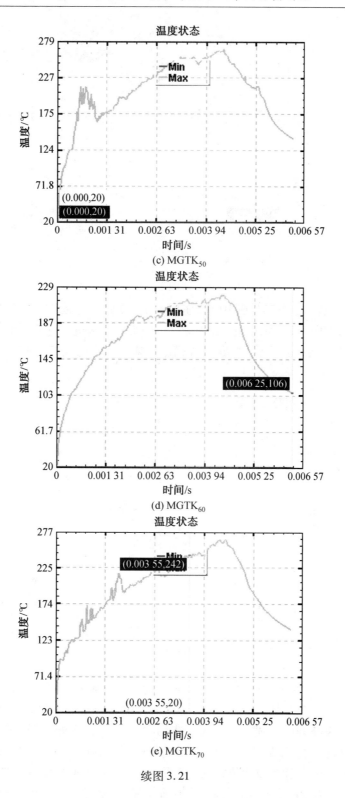

(c) MGTK$_{50}$

(d) MGTK$_{60}$

(e) MGTK$_{70}$

续图 3.21

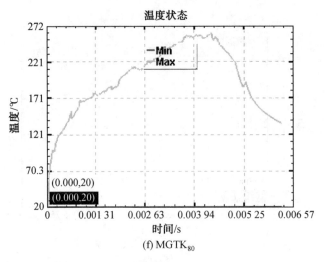

(f) MGTK$_{80}$

续图 3.21

在原有行程基础上将其分成 10 份,使用 origin 软件将各微织构车刀在仿真全过程的温度变化,描绘如图 3.22 所示。并分别选择各宽度织构稳定切削阶段的 6 个点,取其平均值,绘制成平均温度变化曲线(图 3.23),并观察其变化规律,同时与无织构车刀相比较。

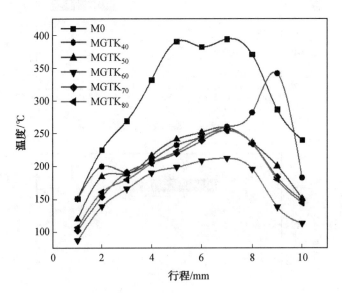

图 3.22　各宽度车刀仿真过程切削温度变化曲线

图 3.23 为提取整个切削过程中每个织构平均切削温度的变化曲线,呈现先递减后增加的变化规律,其中 60 μm 宽度相对无织构切削温度最低,下降了 43.767%;而 40 μm 与 50 μm 宽度织构下降得最少,下降了 32.907%,70 μm 宽度与 80 μm 宽度下降了 36.141%。分析表明,在不改变位置的情况下,随着组合织构宽度的增加,切屑与刀具接触的单位面积织构数量增加,切削温度都有所下降,当宽度达到一定程度时切屑与刀具接

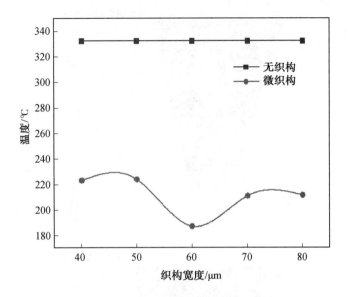

图 3.23　各宽度织构车刀仿真全程随着宽度增加平均切削温度变化曲线

触的单位面积织构数量减少,减少了接触区域的散热面积,从而导致钻削温度升高。

3. 车刀前刀面磨损

对比组合仿生织构硬质合金车刀 MGT 的 5 组不同宽度、相同位置在硬切轴承钢材料 42CrMo4 的情况下切削部位前刀面磨损程度情况,如图 3.24 所示。由图可以看出磨损均匀分布在织构表面附近,而车刀 $MGTK_{50}$ 与 $MGTK_{70}$ 的前刀面与被加工工件接触部位的前刀面磨损程度都要比 $MGTK_{60}$ 高,其中 $MGTK_{50}$ 为宽度最细、织构变现不明显且出现大范围磨损区域。由图中可以看出,最大磨损深度 $MGTK_{50}$(宽度 50 μm)> $MGTK_{40}$(宽度 40 μm)> $MGTK_{70}$(宽度 70 μm),显然置入织构宽度的不同对切削性能是存在规律性变化的,并不是宽度越大磨损越小,也不是宽度小磨损就小。

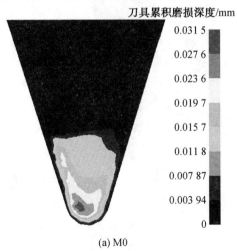

(a) M0

图 3.24　不同宽度、相同位置 MGT 组合车刀前刀面累积磨损深度分布云图

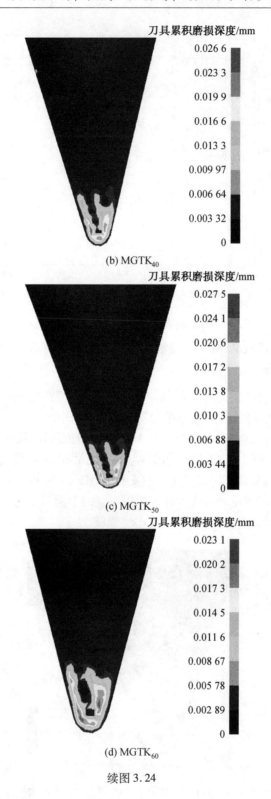

(b) MGTK$_{40}$

(c) MGTK$_{50}$

(d) MGTK$_{60}$

续图 3.24

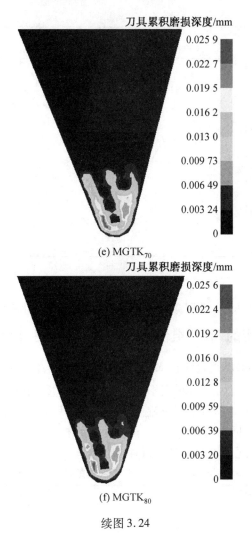

(e) MGTK$_{70}$

(f) MGTK$_{80}$

续图 3.24

　　通过对比组合织构 MGT 各宽度的车刀硬车轴承钢的最大磨损程度随织构宽度变化曲线(图 3.25),研究发现曲线整体上呈现先下降后上升的趋势。研究结果表明:仿生织构的置入减少了加工时前刀面与被加工件的实际接触面积,从而改善了车刀的机械摩擦系数,减少了切削的接触面积并减少了切削热的产生,从而减小磨损起到抗磨减摩的作用。大体变化规律为先递减后递增的趋势,其中 60 μm 宽度织构相对无织构磨损最低,下降了 26.67%;40 μm 宽度织构下降了 15.56%,50 μm 宽度织构下降了 12.70%,70 μm 宽度织构下降了 17.78%,80 μm 宽度织构下降了为 18.73%。而最大磨损程度随着在适合范围内织构宽度的增大有所降低,当达到一定宽度时最大磨损深度随着宽度增加而增加。

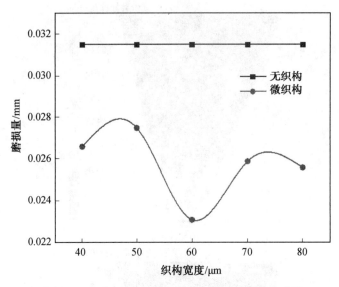

图 3.25   不同宽度对微织构车刀磨损量的变化曲线

3.6.2   不同间距的 MGT 组合织构对车刀车削性能变化规律的影响

通过上述试验对比得出组合织构 $MGTK_{60}$ 在相同间距、相同深度、不同宽度下对改善切削性能的效果最为突出,因此为研究相同宽度、相同深度、不同中心间距的 $MGTK_{60}$(矩形加椭圆形)组合微织构对车刀车削过程中主切削力、切削温度和累积磨损程度的影响,设定了 5 组相同宽度、相同深度、不同间距的仿生微织构(图 3.26),基于上述仿真实验数据调整织构中心间距来硬切轴承钢 42CrMo4 的仿真模拟试验,其宽度参数如表 3.4 所示。

表 3.4   不同间距 MGTJ 组合织构的几何参数(μm)

序号	车刀编号	织构宽度	织构中心间距	织构深度
1	$MGTJ_{200}$	60	200	60
2	$MGTJ_{300}$	60	300	60
3	$MGTJ_{400}$	60	400	60
4	$MGTJ_{500}$	60	500	60
5	$MGTJ_{600}$	60	600	60

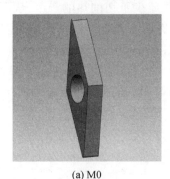

(a) M0

图 3.26   不同间距车刀模型示意图

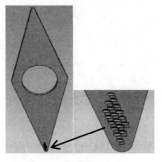

(b) MGTJ$_{200}$

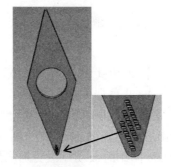

(c) MGTJ$_{300}$

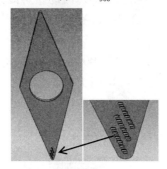

(d) MGTJ$_{400}$

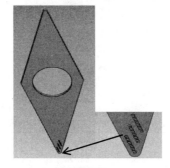

(e) MGTJ$_{500}$

续图 3.26

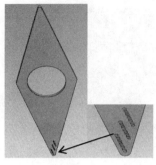

(f) MGTJ$_{600}$

续图 3.26

1. 主切削力

对比组合仿生织构硬质合金车刀 MGT 的 5 组相同宽度、不同中心间距下切削力情况,如图 3.27 所示。由图可以看出,几种曲线在"切削稳定阶段"都存在突变的现象,相比于无织构车刀,微织构车刀大都波动较小,只有 MGTJ$_{300}$波动较大,而稳定阶段根据中心距的不同都以不同的特点展示出波动的规律,如图在切削过程中,200 μm 间距的切削力曲线呈锯齿形状起伏波动,300 μm 间距时波动显然更加剧烈,曲线的整体走势呈现出先减少再增大的趋势,而 400 μm 间距的 MGTJ$_{400}$波动相对最为稳定。

取其稳定切削状态过程的主切削力,如图 3.28 第二到第七个点的平均值,绘制切削力变化曲线。

由图 3.28 和图 3.29 明显可以看出,400 μm 间距织构的平均主切削力最小,但是其波动最大,MGTJ$_{400}$最平稳,而且其平均切削力较小,就图 3.21 来看 MGTJ$_{400}$的表现最为优异。

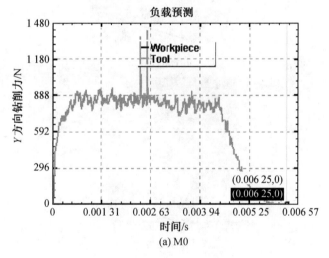

图 3.27　切削力情况示意图

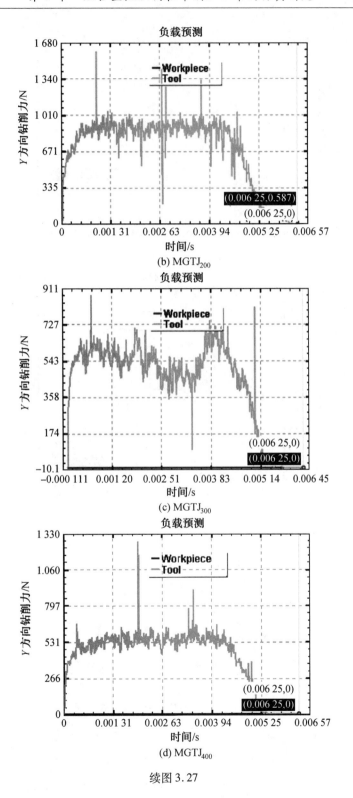

(b) MGTJ$_{200}$

(c) MGTJ$_{300}$

(d) MGTJ$_{400}$

续图 3.27

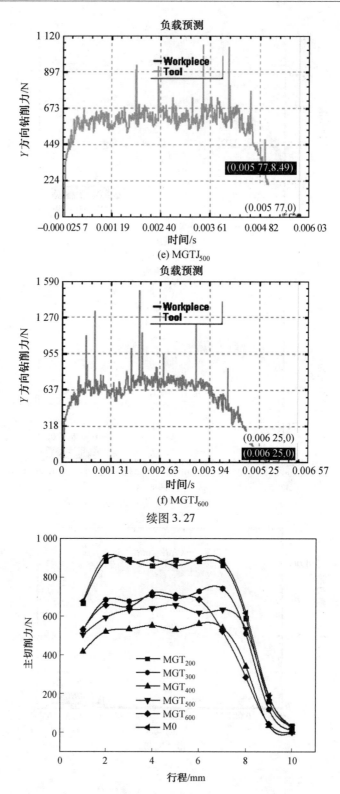

(e) MGTJ$_{500}$

(f) MGTJ$_{600}$

续图 3.27

图 3.28　不同间距切削力随行程变化情况示意图

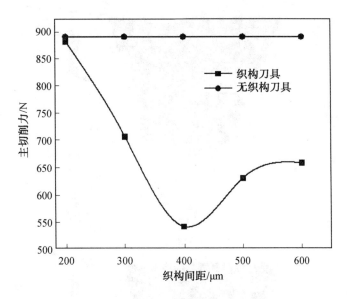

图 3.29　不同间距平均切削力变化情况示意图

2. 切削温度

对比组合仿生织构车刀 MGT 的 5 组相同宽度与深度、不同间距下车削部位前刀面的切削温度分布云图(图 3.30)，与其提取整个切削过程 5 组织构车刀其切削过程的温度曲线，如图 3.31 所示。由图 3.30 可以看出，微织构车刀前刀面温度沿着织构周围呈扩散分布状态，织构车刀前刀面未形成大面积的高温聚集，由图 3.31 可以看出整个温度变化曲线的整体走势为先增大再减小，在切削过程中，$MGTJ_{200}$ 与 $MGTJ_{300}$ 的切削温度变化曲线不光滑，切削温度存在明显的较大幅的波动，这是由于节点突变引起的。

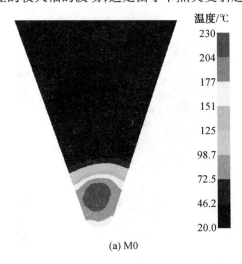

(a) M0

图 3.30　不同间距置 MGTJ 组合车刀前刀面温度示意图

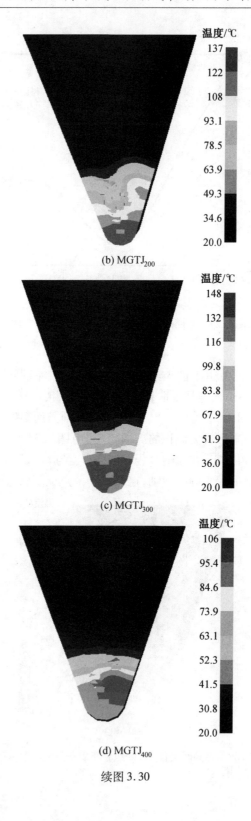

(b) MGTJ$_{200}$

(c) MGTJ$_{300}$

(d) MGTJ$_{400}$

续图 3.30

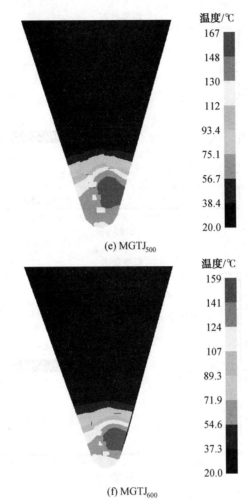

温度/℃

(e) MGTJ$_{500}$

温度/℃

(f) MGTJ$_{600}$

续图 3.30

其整个过程温度变化曲线如图 3.31 所示。

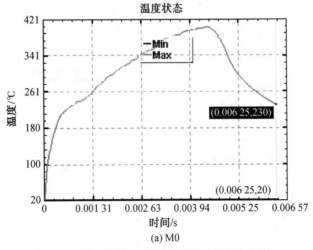

(a) M0

图 3.31　各不同间距切削温度随时间变化曲线

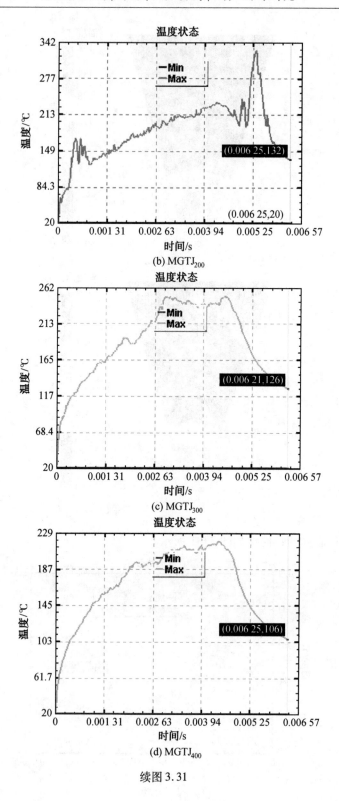

(b) MGTJ$_{200}$

(c) MGTJ$_{300}$

(d) MGTJ$_{400}$

续图 3.31

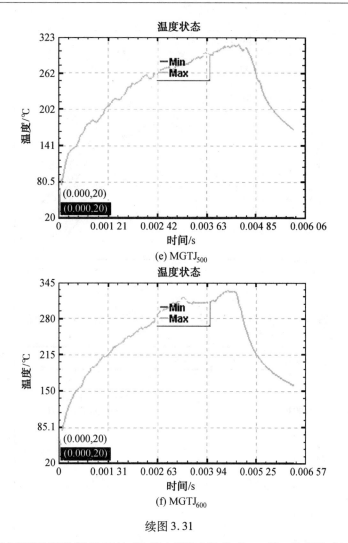

(e) MGTJ$_{500}$

(f) MGTJ$_{600}$

续图 3.31

　　对提取到的切削温度数据进行处理,将切削过程分成 10 段,分别取每一段切削温度的平均值,绘制成平均切削温度曲线,如图 3.32 所示。

　　从图 3.32 中可以明显看出,相比无织构车刀微织构车刀的切削温度明显减低,在各组织构中 MGTJ$_{400}$(织构间距 400 μm)的切削温度较为平稳,其余织构车刀在稳定切削阶段切削温度高于 MGTJ$_{400}$,故织构间距为 400 μm 时表现最优。

　　图 3.33 是取稳定切削阶段的切削温度平均值绘制而成,由图 3.33 中可明显看出不同微织构车刀前刀面温度较无织构车刀明显减低。由图 3.33 分析可知,曲线整体上先递增后递减,最后平缓上升的变化规律,织构的置入减少了实际切削过程中刀具前刀面与被加工材料的接触面积,进而减少了刀具与工件的摩擦面积,从而减少摩擦热。其中 MGTJ$_{400}$ 在稳定切削阶段表现最优,其切削温度降低 43.734%。由于在相同情况下,小间距降温比较明显,而过大的间距使得实际加工面增大,从而减少散热面积,使得整个切削过程中的钻削温度降低不明显。

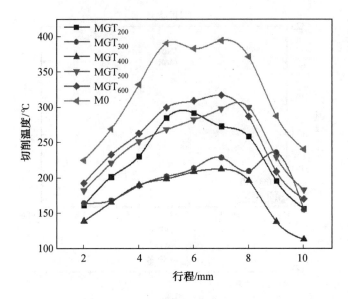

图 3.32　不同间距切削温度随中心间距不同的变化情况示意图

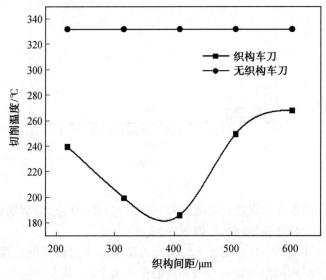

图 3.33　不同间距平均温度随中心间距不同时的变化曲线

3. 磨损程度

对比组合仿生织构车刀 MGT 的 5 组相同宽度、不同中心间距下在硬切轴承钢 42CrMo4 的情况下切削部位前刀面累积磨损程度及刀尖磨损程度情况,如图 3.34 所示。从图 3.34 中前刀面可见 200 μm 的刀尖磨损量最低。而集中在刀尖磨损的分布来看 400 μm刀尖最大磨损分布面积较小,且最大磨损红斑比较最为分散。图中间距为 600 μm 的织构刀具,其前刀面的织构相间的位置出现小面积磨损集中点,由于整体容纳织构的总宽度相同,相同宽度时,间距越大其实际接触被加工件表面的面积越多,造成累积磨损集中点。

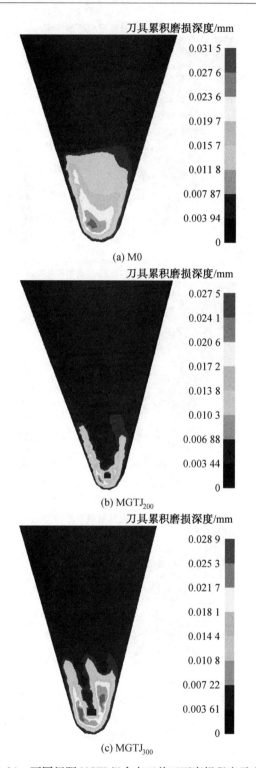

(a) M0

(b) MGTJ$_{200}$

(c) MGTJ$_{300}$

图 3.34　不同间距 MGTJ 组合车刀前刀面磨损程度示意图

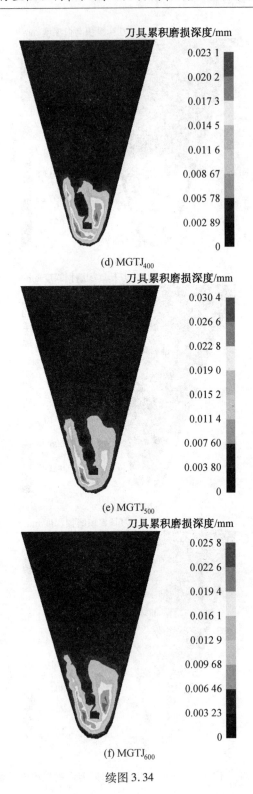

(d) MGTJ$_{400}$

(e) MGTJ$_{500}$

(f) MGTJ$_{600}$

续图 3.34

由图 3.35 分析可知,间距 300 μm 与 500 μm 的织构车刀磨损相对间距 400 μm 织构车刀要大些,因此织构间距 400 μm 的车刀对磨损程度改良较为显著,下降了 26.67%;其次 500 μm 与 600 μm 间距分别比无织构降低了 3.49%、18.09%;200 μm 间距织构下降了 12.70%。大体曲线呈现先递减后递增的变化趋势,分析表明,表面仿生微织构的置入,减少了加工时前刀面与被加工件的实际接触面积,从而改善了车刀的机械摩擦系数,减少了车削的接触面积并减少了车削热的产生,分散了磨损对刀具前刀面具有保护作用的效果。而最大磨损程度随着织构间距的增加而减少,当间距增大到一定程度时磨损不减反增。

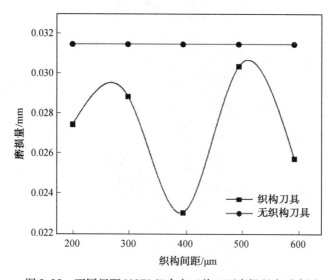

图 3.35　不同间距 MGTJ 组合车刀前刀面磨损程度示意图

3.6.3　不同深度的 MGT 组合织构对车刀车削性能变化规律的影响

通过上述试验对比,考虑到主切削力、切削温度和累积磨损深度得出组合织构 $MGTJ_{400}$ 在不同间距、相同宽度下对改善切削性能的效果最合适,因此为研究宽度不变、间距不变、改变深度的 MGTS(矩形加椭圆形)组合微织构对车刀车削过程中切削力、切削温度和累积磨损程度的影响,设定了 5 组不同深度、相同位置的仿生微织构(图 3.36),基于上述仿真数据调整织构深度来硬切轴承钢 42CrMo4 的仿真模拟试验,其深度参数如表 3.5 所示。

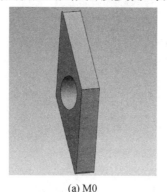

(a) M0

图 3.36　不同深度车刀模型示意图

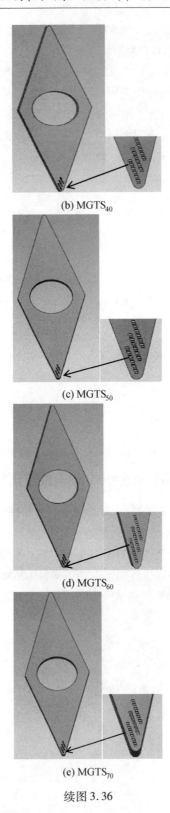

(b) MGTS$_{40}$

(c) MGTS$_{50}$

(d) MGTS$_{60}$

(e) MGTS$_{70}$

续图 3.36

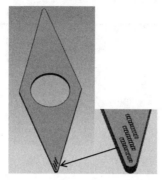

(f) MGTS$_{80}$

续图 3.36

表 3.5　不同深度 MGTS 组合织构的几何参数(μm)

序号	车刀编号	织构宽度	织构中心间距	织构深度
1	MGTS$_{40}$	60	400	40
2	MGTS$_{50}$	60	400	50
3	MGTS$_{60}$	60	400	60
4	MGTS$_{70}$	60	400	70
5	MGTS$_{80}$	60	400	80

1. 主切削力

如图 3.37 为对比组合仿生织构车刀 MGT 的 5 组相同宽度、相同中心间距、不同深度下切削力情况。由图 3.38 可以看出,5 组织构波动曲线相对比较稳定,个别曲线在稳定阶段出现较大的波动与较强的突变,如 MGTS$_{50}$(50 μm)在切削时间 0.002 63 ~ 0.006 25 s 有大范围突变和大范围波动,MGTS$_{40}$(40 μm)在切削时间 0.001 09 ~ 0.004 00 s 有较大波动,其中 MGTS$_{60}$(60 μm)织构稳定阶段相对其他深度织构没有较大突变值,而且相对最稳定,无较大波动,因此,MGTS$_{60}$(60 μm)织构车削模拟过程最为稳定,织构效果最好。

由图 3.39 可以看出各织构刀具平均主切削力总体呈现出相对 MGTS$_{60}$(60 μm 深度织构)先增大后减小的趋势,因此,随着织构深度的增加平均切削力呈现上升的变化规律,其主要原因是在切削过程中织构存在间隙空间随着温度的升高产生类似"气浮"的升力来抵抗摩擦阻力,提高织构的动压承载性能,从而减少切削过程中的切削力,实现织构减摩的作用。而织构深度太深时形成"气浮"升力的时间越长,抵消摩擦阻力的效果越不显著,最终呈现上升的趋势。就稳定切削阶段波动大小和相对无织构车刀主切削力大小综合而言,MGTS$_{60}$显示出的切削效果最优异。

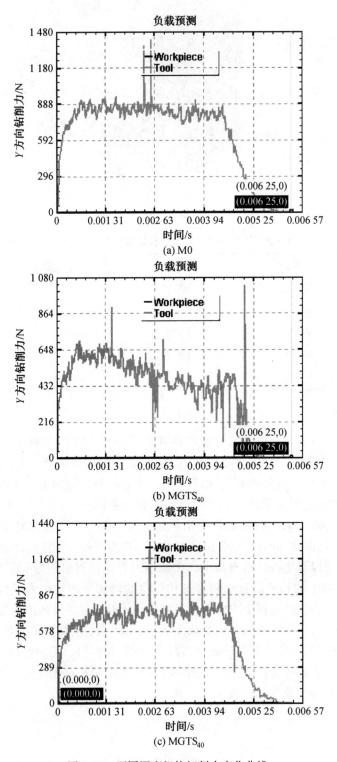

图 3.37　不同深度织构切削力变化曲线

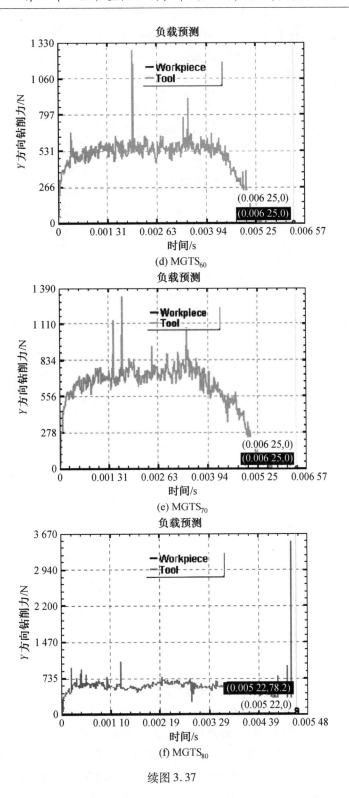

(d) MGTS$_{60}$

(e) MGTS$_{70}$

(f) MGTS$_{80}$

续图 3.37

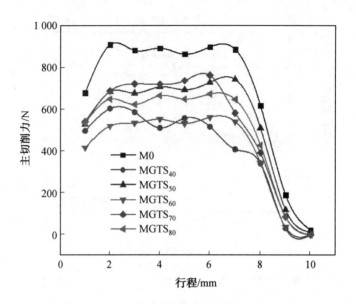

图 3.38　对比传统无织构车刀与不同深度织构切削过程的切削力随行程变化曲线

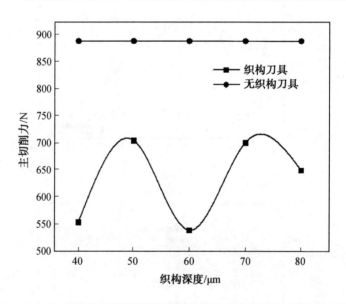

图 3.39　对比无织构不同深度织构随深度变化平均切削力变化规律曲线

2. 切削温度

如图 3.40 为在对比 5 组不同深度织构硬切轴承钢 42CrMo4 材料模拟切削过程刀尖前刀面温度云图。由图 3.40 观察分析可知,整体温度层呈现阶梯式分布,前刀面最高温度主要扩散到织构边缘区域,起到提高前刀面加工质量,保护刀具的作用。

结合图 3.41(各不同深度组合织构切削温度随时间的变化曲线)、图 3.42(不同深度组合织构切削温度随时间的变化总曲线)与图 3.43(不同深度组合织构切削温度随时间的变化规律曲线)硬切轴承钢材料时,深度织构切削温度的变化情况。如图可知温度曲

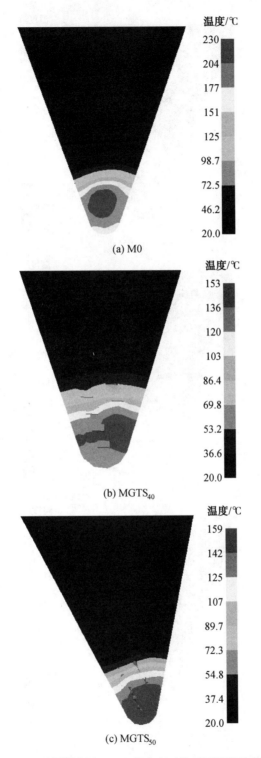

图 3.40　不同深度置 MGTS 组合车刀前刀面温度示意图

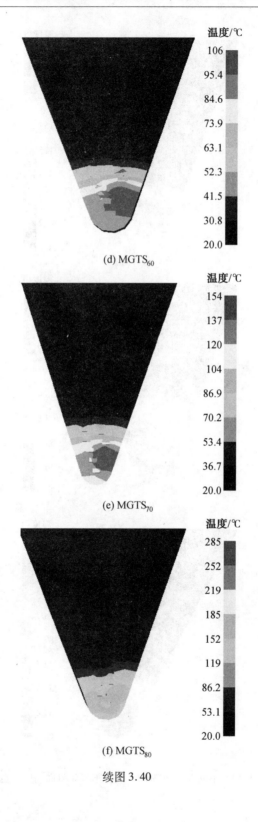

(d) MGTS$_{60}$

(e) MGTS$_{70}$

(f) MGTS$_{80}$

续图 3.40

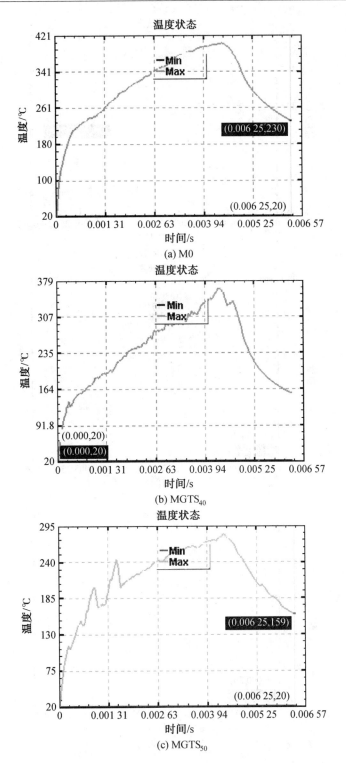

图 3.41　不同深度组合织构车削温度随时间的变化曲线

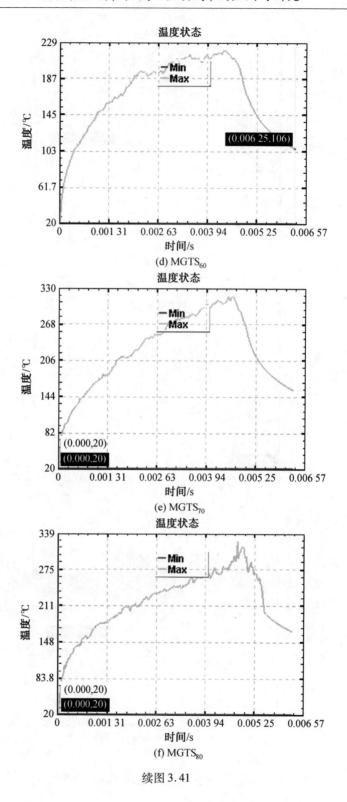

(d) MGTS$_{60}$

(e) MGTS$_{70}$

(f) MGTS$_{80}$

续图 3.41

线图同时也分为两个切削阶段即"温度下降阶段"与"温度上升阶段",温度下降阶段 50 μm织构 MGTS$_{50}$织构车刀切削温度相对要比其他 4 种深度(40 μm、60 μm、70 μm、80 μm)织构刀具较高,温度下降阶段时 MGTS$_{80}$相对波动较为平缓,其中 MGTS$_{70}$车刀变化趋势最小最平缓,其次就是 MGTS$_{80}$,而整个模拟过程平均切削温度随着织构深度的增加呈现先减小后增大的变化规律,其中相对无织构车刀,组合织构 MGTS$_{40}$其平均切削温度下降了 26.638%,MGTS$_{50}$下降了 20.760%,MGTS$_{60}$下降了43.734%,MGTS$_{70}$下降了27.707%,MGTS$_{80}$下降了32.234%,其主要原因是,随着深度的增加产生"气浮"升力的时间越长,摩擦系数下降得不显著,织构的效果也就没那么明显,从而导致摩擦热的产生,后期整体有上升趋势比较大。

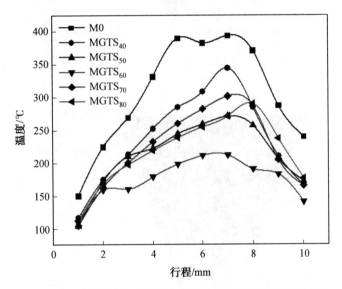

图 3.42　不同深度组合织构切削温度随时间的变化总曲线

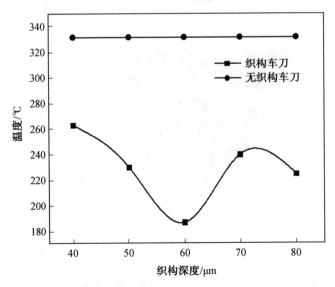

图 3.43　不同深度组合织构切削温度随时间的变化规律曲线

3. 磨损程度

如图 3.44 为整个模拟硬切轴承钢过程不同深度织构前刀面与累积磨损深度分布云

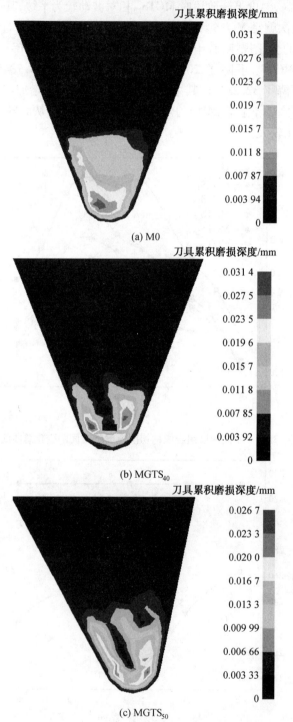

(a) M0

(b) MGTS$_{40}$

(c) MGTS$_{50}$

图 3.44　置入 MGT 组合车刀不同深度前刀面累积磨损深度分布云图

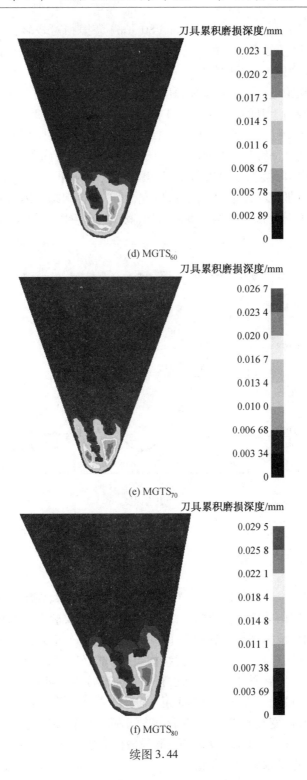

(d) MGTS$_{60}$

(e) MGTS$_{70}$

(f) MGTS$_{80}$

续图 3.44

图。由图可知 $MGTS_{60}$(60 μm)与 $MGTS_{80}$(80 μm)磨损相对较轻,而深度到 $MGTS_{40}$ 与 $MGTS_{50}$ 时出现磨损上升的趋势,由于织构的置入磨损主要扩散在织构边缘位置,因此有提高加工质量与起到保护刀具的作用。

如图 3.45 为模拟过程中累积磨损深度随着织构深度增加的变化规律曲线。由图可知,曲线呈现先下降后上升的变化规律,60 μm 深度织构下降了 26.67%;50 μm 和 70 μm 深度降低最小为 15.24%。由曲线可见随着织构深度越小,减小磨损效果不显著,在一定范围内,随着深度增加而降低。分析表明,由于置入织构车刀的总宽度一定,单位面积织构数量相同,刀-屑实际接触面积相同,随着织构深度的增加,产生"气浮"升力的时间越长,削弱了织构升力抵抗摩擦阻力的效果,因此 MGT 组合织构车刀刀具的累积磨损深度在 40~80 μm 时,总体上随着织构深度的增加,其织构改善磨损的效果越显著。

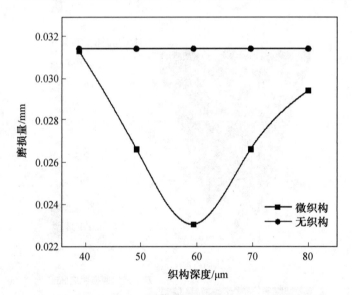

图 3.45　累积磨损深度随着织构深度增加的变化规律曲线

3.6.4　小结

本节首先采用三维绘图软件 UG12.0,根据本课题的要求、硬质合金车刀的数学模型提供标准化数据和织构特殊结构的构思,建立了仿真模拟实验需要的传统无织构车刀以及多种织构车刀的三维模型。之后利用 Deform-3D 建立了车刀硬切轴承钢的车削仿真模型,分别对 7 种不同形状车刀以及最优结构组合织构车刀 MGT 的织构宽度、间距和深度进行了车削模拟。最后通过分析车削过程中 7 种车刀的主切削力、切削温度、累积磨损深度的变化情况,对最优方案形状织构间距、宽度和深度进行对比试验,得出织构车刀车削性能随着单一因素变化而产生的变化规律,确定各个参数值(分别为深度与宽度60 μm,织构深度 60 μm 即中心间距 400 μm 为最优参数方案),为后续研究 MGT 组合织构为最优结构方案提供基础性研究意义。

3.7　最优创新仿生组合织构方案的分析与验证

3.7.1　最优创新仿生组合织构方案的设计

综合上文得出的最优微织构方案,确定组合织构 MGT 为最优织构方案,通过 3 组调整宽度、间距和深度对车刀主切削力、车削温度和累积磨损深度等切削性能的仿真分析,初步验证其织构宽度为 60 μm,织构中心间距为 400 μm,织构深度为 60 μm 时,织构效果较为突出。因此,为了完善并优选出最优的实验方案,并基于上述仿真实验数据设定了(表 3.6)传统无织构车刀 M0、矩形加椭圆形凹坑的组合织构车刀 MGT 与单一矩形 MJ(图 3.46)进行最优仿生微织构方案验证仿真实验。

表 3.6　3 种车刀前刀面的几何参数(μm)

序号	车刀编号	织构宽度	织构中心间距	织构深度
1	M0	0	0	0
2	MJ	60	400	60
3	MGT	60	400	60

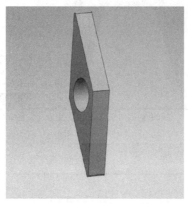

(a) M0

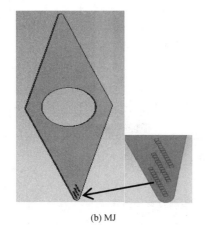

(b) MJ　　　　　　　　　　　(c) MGT

图 3.46　3 种车刀模型简图

3.7.2　最优创新仿生组合织构方案的仿真分析

1. 主切削力

如图 3.47 所示为对比传统无织构车刀、矩形椭圆组合微织构车刀 MGT 在模拟硬车轴承钢材料 42CrMo4 过程中的主切削力变化曲线图。结合图 3.48 为 3 种车刀主切削力随行程变化曲线。经过分析可知,在稳定切削阶段 M0 上下波动最明显,在稳定阶段可见 MGT 组合织构没太多突变,MJ 表现得相对较稳定,但是织构车刀中 MGT 主切削力最小。显然,MGT 织构减少摩擦阻力效果最为显著。

如图 3.49 为 3 种车刀在模拟硬车轴承钢材料 42CrMo4 中,分别在稳定阶段内平均切削力。由图可知 MGT 组合织构的平均切削力为织构车刀中最小,相对 MJ 下降了 14.378%。因此,在合理条件下,创新组合织构 MGT 织构减摩效果最为显著。

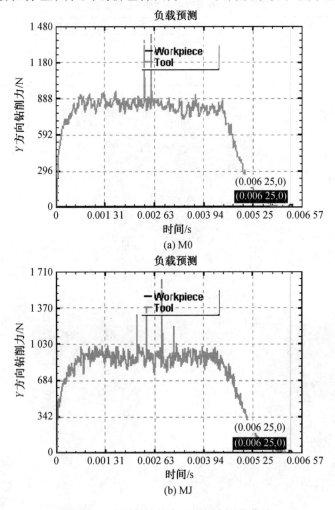

图 3.47　不同微织构车刀切削力变化曲线

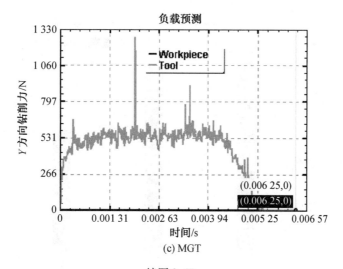

(c) MGT

续图 3.47

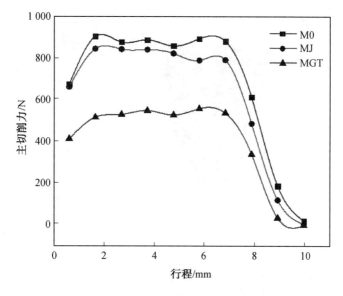

图 3.48　3 种车刀切削力随行程变化曲线

2. 切削温度

如图 3.50 为 3 种车刀切削温度云图,如图 3.51 为三种车刀切削温度随时间变化曲线,如图可知,曲线整体与之前一样呈现先增大后减小的趋势,其中 MJ 矩形织构整体曲线位于 M0 与 MGT 矩形加椭圆织构曲线之下,MGT 位于两者之间。

如图 3.52 为 3 种车刀整体模拟过程中平均切削温度柱状图,由图 3.52 分析可知,矩形织构 MJ 与组合织构 MGT 相对传统无织构车刀都有较好的散热效果,其中 MJ 下降了45.549%,MGT 下降了 46.324%,分析表明,织构的置入减少了刀具实际加工表面与被加工件的接触面积,减少了摩擦系数,从而减少摩擦阻力,并且织构的置入由于织构存在缝隙区域,增大了切屑的散热面积,从而减少了切削温度。

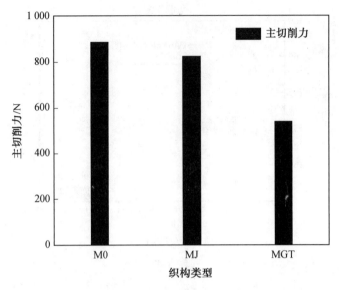

图 3.49　3 种车刀平均切削力柱状图

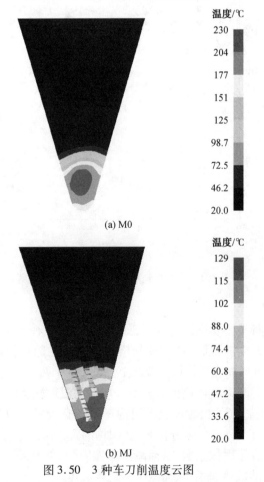

图 3.50　3 种车刀削温度云图

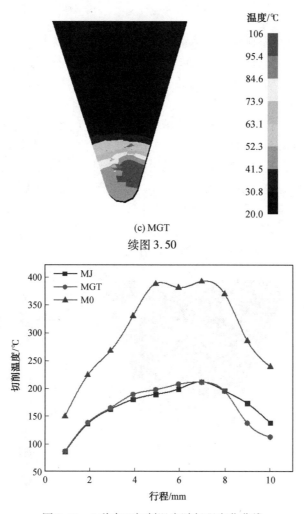

(c) MGT

续图 3.50

图 3.51　3 种车刀切削温度随行程变化曲线

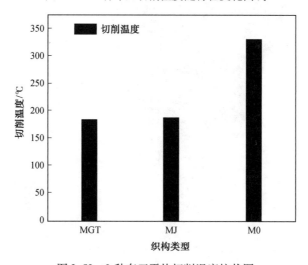

图 3.52　3 种车刀平均切削温度柱状图

3. 磨损程度

如图 3.53 为 3 种车刀在硬切轴承钢 42CrMo4 的模拟仿真进程中,随着切削时间增大的累积磨损深度云图。结合柱状图 3.54 观察分析 3 种微织构车刀对刀具累积磨损深度的影响规律。对比无织构 MGT 下降最多 25.926%,MJ 下降了 24.383%,而 MGT 较 MJ 下降了 2.041%。

综上所述,分析得出置入微织构不仅减少了车刀前刀面的实际表面与被加工件的接触面积,减少摩擦系数,而且织构边缘与被加工件接触时会产生类似边缘力的挤压应力,改善切屑的运动方向以及排屑速度,刀-屑的接触时间,从而减少刀尖的磨损程度,而过大的织构面积导致切屑进入织构内部,会产生二次摩擦,从而产生更大的边缘应力抵消织构的减摩作用。因此,在合理条件下,创新组合织构 MGT 织构减摩效果最为显著,最终验证织构宽度为 60 μm,织构中心间距为 400 μm,织构深度为 60 μm 的创新组合织构 MGT (矩形加椭圆形)车刀为最优微织构参数组合方案。

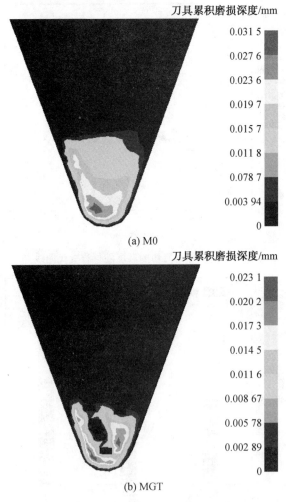

(a) M0

(b) MGT

图 3.53　3 种车刀累积磨损深度云图

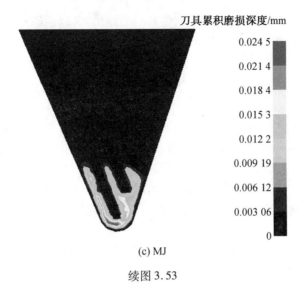

(c) MJ

续图 3.53

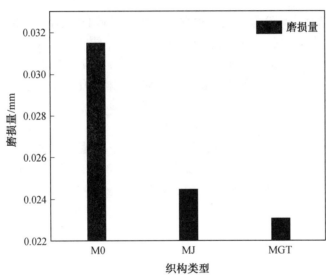

图 3.54　3 种车刀累积磨损深度柱状图

3.7.3　小结

　　本节通过上一节的优选方案(分别为深度与宽度 60 μm,织构间距 400 μm)为最优参数方案,最后通过对比传统微织构车刀和矩形织构车刀与本书创新组合织构 MGT 车刀进行最优方案仿真分析,分析模拟结果表明:在硬车轴承钢 42CrMo4 的情况下,置入表面仿生微织构的刀具具有改善切削力、降低切削温度、累积磨损深度的作用。其中组合织构 MGT 车刀切削波动最为稳定;切削温度下降了 32.324%;磨损深度下降了 25.926%,为织构车刀中最为优良的结构织构车刀。最终确定织构宽度为 60 μm,织构中心间距为 400 μm,织构深度为 60 μm 为最优组合织构参数方案。

因此,本章对微织构车刀进行有限元仿真研究结果,为以后研究车刀切削性能变化规律提供了重要参考价值。

3.8　结　论

本章以微织构车刀对车削轴承钢 42CrMo4 的切削性能影响为主要研究对象,利用有限元仿真分析软件 Deform-3D 对其针对车削过程中主切削力、切削温度和累积磨损程度进行系统的仿真研究,采用单因素变量分析法,分别控制织构宽度、织构总间距和织构深度,分别对其进行仿真以得到硬切轴承钢材料的最优组合织构方案,为现实研究轴承钢的钻车削性能和表面织构的减摩抗磨机理有着重要的指导作用和参考基础。本章得出的主要研究结果和结论如下:

(1)在无织构车刀、矩形织构车刀、三角形织构车刀、椭圆形织构车刀、球形织构车刀、椭圆矩形组合织构车刀和椭圆三角形织构车刀中,通过织构优选,得出椭圆矩形组合织构(MGT)为最优织构。

(2)确定组合织构 MGT 为最优结构方案,通过 3 组调整宽度、间距和深度对车刀切削力、切削温度和累积磨损深度等切削性能的仿真分析,初步验证其织构宽度为 60 μm,织构中心间距为 400 μm,织构深度为 60 μm 时,织构效果较为突出。

(3)为了完善并优选出最优的实验方案,针对无织构 M0 和单一矩形织构与创新组合织构 MGT 进行仿真分析,MGT 综合切削温度和累积磨损深度均为最小,其中 MGT 磨损相对 M0 下降了 26.67%,相对 MJ 下降了 2.041%。

(4)在合理条件下,创新组合织构 MGT 织构减摩效果最为显著,最终验证织构宽度为 60 μm,织构中心间距为 400 μm,织构深度为 60 μm 的创新组合织构 MGT(矩形与椭圆形凹坑组合织构)车刀为最优切削性能参数方案。

第4章　仿生微织构齿轮力学特性与疲劳寿命仿真研究

4.1　目的及意义

　　机床作为机械制造业中最基本的制造单元,在每个国家的经济建设中都发挥着重要作用。随着现代经济的飞速发展,机械制造业对机床的要求越来越高。机床已逐渐成为衡量现代制造业实力的标准。因此,机床已成为各国制造业发展的主要研究方向。目前,机床工业的现代化水平和规模,以及所拥有机床的数量和质量成为一个国家工业发达程度的重要标志之一。

　　随着国家经济、科技水平的发展我国的机床行业也逐渐向高精尖方向发展,但是相对于传统机床发展来说,机床齿轮仍然伴随着轮齿折断、齿面磨损、点蚀、胶合、塑性变形以及振动噪声等问题。严重制约了我国机床向高精尖机床方向迈进。因此对齿轮的降低振动、噪声、增加其抗疲劳性能。提高高精尖齿轮的发展是亟待解决的问题。据不完全统计,我国每年因为摩擦磨损导致齿轮传动失效的经济损失就达上亿元。因此对齿轮的降低振动、噪声、增加其抗疲劳性能成为齿轮研究的热点问题。

　　仿生学是一门新兴的交叉学科,我们通过仿生学领域可以获得很多的启发。前人通过研究发现仿生非光滑表面具有减黏降阻功能,耐磨抗疲劳等功能特性,因此基于仿生非光滑表面理论和普通齿轮的设计研究相结合,进一步减少齿轮振动、噪声和提升抗疲劳性能等问题。可以极大地降低因摩擦磨损导致齿轮传动失效、经济损失,提升机床的使用寿命。

　　本书主要的研究内容是将仿生非光滑理论与传统齿轮设计相结合,旨在提高机床的齿轮耐磨抗疲劳能力和降低齿轮的振动、噪声。通过研究穿山甲、贝壳、蜣螂体表的微观形貌,设计了3种仿生非光滑凹坑形貌齿轮分别为横型条纹仿生凹坑形貌、井字型仿生形貌和球型仿生凹坑形貌,将普通齿轮设为对照组。并基于 Ansys Workbench 静力学分析和 nCode 疲劳特性分析,得出最佳耐磨抗疲劳仿生形貌类型。然后基于普通齿轮和仿生齿轮模态分析的结果,确定井字型齿轮的振动频率范围低于普通齿轮的频率范围,进一步表明了井字型仿生形貌凹坑具有一定程度的抗振减噪的性能。此外通过单因素仿真实验方案探究了不同井字型仿生凹坑形貌参数对仿生齿轮耐磨抗疲劳的影响。得出了凹坑宽度 $100~\mu m$、横向中心距 $1~000~\mu m$、纵向中心距 $250~\mu m$ 为井字型仿生形貌齿轮的最佳参数组合方案。该分析可以大幅度提高齿轮寿命以及减少齿轮振动对机床的影响,弥补传统机床因齿轮制造技术的不足而造成的缺陷,对于指导后续的仿生齿轮的研究奠定了坚实的基础,也拓宽仿生非光滑表面仿生研究之路,为齿轮的抗疲劳性能的研究提供了新的思路和方法。

4.2　仿生非光滑表面研究现状

仿生学主要是在仿生技术领域当中起到一个设计参考的作用,根据仿生技术的大数据趋势和它本身的功能特性等方面来设计其中的结构参数,主要依靠仿生非光滑表面的耐磨抗疲劳功能、自清洁功能、减黏降阻功能。

在生物非光滑表面的研究中,荷叶表面是研究和应用的第一个。已经证明,荷叶表面上许多突起的微观结构和蜡质物质具有良好的超疏水性和自清洗效果。具有超疏水性功能的微织构的生物表面结构广泛用于汽车表面、建筑壁、纤维、医疗装置和其他功能性机械领域。

仿生非光滑表面的另一个成功例子是通过研究鲨鱼体表的非光滑的微观结构减少飞机的空气阻力达到节省燃料的目的。2010年,著名的Speedo发明的非光滑表面泳装被正式禁止,因为他们在提高运动员的成绩方面发挥了重要作用。他们违反了体育的禁令。仿生非光滑表面的研究目前在许多领域得到了广泛的应用。通过土壤动物运动性能以及身体表面非光滑结构的研究。所开发的仿生几何非光滑犁壁、仿生电渗铲斗等仿生脱附减阻部件已在农业、矿山的多种机械上应用。T. Seo、J. Yu等学者研制了仿壁虎爬壁机器人。陈子飞、许季海等人研究了甲鱼壳表面微小颗粒状结构的防污性能与制备方法。

在仿生非光滑表面的制备中,激光加工是最常采用的手段。I. Etsion等学者的研究表明了仿生非光滑表面合理的利用,可以提高机械部件的摩擦性能和承载能力。L. Zheng、J. Wu等利用干摩擦试验对硬度梯度和激光加工形成六角形结构的仿生耦合表面的摩擦磨损性能进行了研究。Q. Sui、P. Zhang等针对应用于刹车盘、凸轮轴的蠕墨铸铁材料,研究了激光仿生加工表面的耐磨损、热疲劳性能及其对寿命的影响。激光表面微织构对于降低刀具磨损、提高切削性能的作用也从多项研究中得到证实。

任露泉院士将仿生非光滑表面有凸起单元、凹坑单元、波纹单元和鳞片单元等类型,据分析四种类型中凹坑单元的抗磨损性大于其他类型。陈杰等人的研究对不同的热做模具钢的表面进行激光打磨,证实了凹坑单元的抗磨损性优于其他几种类型,并发现网状的凹坑单元较于其他形状的凹坑单元抗磨损性较高。王学文等人也对凹坑单元进行了研究,分析了凹面参数对于非光滑的凹坑单元的抗磨损的性能的影响;杨本杰、刘小君等以各组滑动速度与接触摩擦挤压力进行一系列摩擦磨损试验,分析滑动摩擦副界面纹理形貌的变化规律,结果表明具有规则圆形凹坑的纹理形貌的摩擦系数比单向沟槽形貌和随机形貌的摩擦系数低。崔有正等学者通过仿生球形凹坑微织构置于洋葱插秧机高速传动齿轮表面,并对其力学特性和抗疲劳性能进行了仿真研究。研究发现:相对于普通齿轮,仿生齿轮可显著改善齿轮的力学性能和抗疲劳性能,提高了齿轮传动的可靠性和使用寿命。

上述研究结果可以总结仿生非光滑表面具有以下功能特性。

1. 仿生表面具有减黏降阻功能

任露泉院士经过长期研究发现:很多土壤生活动物如蝼蛄、蝼蛄、穿山甲等具有优秀的脱附减阻能力是因为他们体表的非光滑表面的功劳。蝼蛄头部有许多带有凸点的非光滑结构(图4.1),国内学者根据蜣螂头部的非光滑表面具有减黏降阻的特点,研制成功带有凸点的饭勺(图4.2)。

图4.1　蜣螂头部微观形貌

图4.2　带有凸点的饭勺

2. 仿生表面具有自清洁功能

1997 年,德国人首次发现并提出了"荷叶效应"的概念,并解释了荷叶遇水成珠的原理,因为荷叶的上表面有许多小突触(图4.3),这些突触的顶部是平的,中心带有小凹坑,这种突触结构很难用肉眼和普通显微镜检测,它通常被称为多个纳米尺度和微米尺度超结构。凹坑部分充满空气,从而形成靠近叶面的非常薄的层。只有纳米尺度厚的气层小于最小的水滴直径,所以它会在荷叶的表面不进行渗透,依旧是水珠状,并且在荷叶上随着荷叶摆动的过程中在荷叶上面滚动并且将荷叶上面的灰尘溶入水中,使荷叶变得洁净。基于非光滑表面微观结构具有的自我清洁特性,21 世纪初有研究所开发出具有自清洁功能的表面膜材料。国内研究人员也根据这一特性,设计出具有不黏水和油的不粘锅(图4.4)。

3. 仿生表面具有结构色功能

蝴蝶的翅膀在阳光下不同时间会呈现不同的颜色,根据研究发现是因为阳光照射到蝴蝶鳞片表面凹坑(图4.5)的不同位置造成的,苏联昆虫学家根据蝴蝶翅膀颜色变化分割视线的原理,在军事设施上也使用蝴蝶相近的花纹,然后慢慢地演化成为了迷彩服。吉林大学的学者根据蝴蝶式伪装大师的特点,为新型隐形战斗机(图4.6)的设计提供了新思路。

图4.3 荷叶表面微观结构

图4.4 仿生不粘锅

图4.5 蝴蝶翅膀微观结构

4. 仿生表面具有耐磨抗疲劳功能

结果表明,相同润滑条件下非光滑表面耐磨性能明显优于光滑表面,与光滑表面摩擦相比,非光滑表面耐磨机制具有储存润滑油、二次润滑和动态压力效应等功能。例如韩中领、汪家道和陈大融设计加工了4种凹坑形貌表面凹坑形貌具有一定的减阻作用;汤丽萍和刘莹对齿轮纹理研究发现非光滑表面形貌具有动压效应而降低表面摩擦系数;吴波、丛茜和熙鹏对汽缸活塞裙的仿生非光滑表面研究发现凹坑表面可以存储润滑油和磨屑,还可以缓释应力,提高活塞裙的耐磨性。

图 4.6　隐形战斗机

4.3　提高机床齿轮耐磨性能传统方法研究现状

传统上提高齿轮耐磨性的方法有很多,主要包括两个方面:一方面是通过改变制造齿轮的材料;另一方面,通过热处理过程,使齿轮表面的晶体结构发生了变化,从而提高了耐磨性。现阶段机床齿轮通过渗碳等工艺流程增加齿轮的耐磨性和疲劳寿命,国内外学者也尝试改变齿轮材料或者运用表面强化技术等,或者改变齿轮的齿廓形貌增加齿厚来提升齿轮的疲劳寿命。目前国内外常用增加齿轮耐磨性和疲劳寿命的方法有以下几种。

1. 采用表面强化技术

表面强化技术就是对材料的外表进行加工,比如淬火、强化、激光等方法来增强表面的强度,这样不仅可以节省人力物力并且当表面的硬化程度达到一定量的时候,齿轮的抗磨损性和抗疲劳性都会相应的提高。

在表面强化技术中,齿轮喷丸硬化技术是必不可少的,它可以通过外力作用使齿轮的外表发生形变使其压缩,形成改性层,从而使表面的抗疲劳能力提高,因为齿轮喷丸硬化技术可以对齿轮的抗疲劳强度有大幅度的提升,因此应用越来越广泛。喷丸齿轮加强技术还分为大功率喷枪、喷破碎、组合喷涂等新型喷涂技术。不同的喷丸技术之间存在一定的差异,如较强的喷涂技术,可以大面积增加齿轮表面,对于其中的应力集中引起的压缩变形,可以采用破碎技术来增强齿轮表面的残余压缩应力,增强表面的光滑程度,使齿轮的表面粗糙度达到需要标准。组合喷枪用于在高压下对齿轮进行表面增益,从而有效提高齿轮的耐久性。随着时代的更新,各个行业对齿轮的要求越来越多,为了满足各种需求,研究人员又相应地研制出如超声波喷丸、空化水喷丸、激光空穴喷丸等新技术。

2. 采用先进的齿轮制造技术

我国现如今的锻造工艺越来越精湛,使得许多厂家采用精湛的锻造技术,将传统的滚插齿工艺改造成短尺与直尺相互融合而成的齿廓,称为挤齿法。这样不但增加了钢材的利用率,也减少了齿轮的损耗,并简化了工艺加工,使加工人员大大节省了时间。齿胚的加工是在齿轮加工工序中最为重要的,齿胚的质量对一个齿轮的精度的判断起着重大的作用,为了提高齿胚的质量,现大多数厂家使用数字控制机来对齿胚进行加工,这样大大提高了齿形轮在两侧和孔内的尺寸基线的重合度,在数字化控制机床当中对于齿胚制造的效率与刀头有关,多用于滚刀的多头和物理沉积铣刀,对气相和多头加工及涂装辊加工具有良好的成本效益。同时内外滚齿加工滚刀正向着整体性,直径小,多头化发展,刀具效率高,磨损小,将实现齿轮生产效率的新阶段。

3. 提高润滑能力

在齿轮运行的过程中加入润滑能有效提高齿轮的使用寿命,一个好的润滑能给机械的运行带来质的飞跃。

4.4　齿轮耐磨抗疲劳研究现状

Hansjorg Schultheiss 等研究发现虽然转速对小模块齿轮的磨损性能有很大的影响,但是随着旋转速度的增加并不一定能提高润滑齿轮的磨损性能。另外,润滑脂的组成也是影响齿轮磨损的重要因素。Fuqiong Zhao 等基于 Archard 模型,基于咬合几何模型和赫兹接触理论,计算了齿面上不同点的滑动距离和接触压力,提出了一种齿轮失效时间预测的方法,该方法可以得到更准确的磨损系数值。Li Cui 等构建了多故障诊断模型,该模型的信号识别方法识别了具有多个故障耦合的齿轮旋转轴承系统,并识别系统的故障类型。该方法的理论有效性和可靠性通过齿轮转子试验机的齿轮旋转轴承系统的测试来验证。G. Shen 等人在实际故障齿轮的研究中,发现在齿轮微弱磨损阶段,齿轮的内表面硬度较低,过盈配合,不适当公差的选择,齿轮轮毂厚度不足是滑动现象的重要因素。Tumulun 等对齿轮进行修复发现,金属沉积工艺能有效地提高齿面的耐磨性。Muniyappa Amarmath 等人对齿轮早期磨损失效机制研究发现,齿轮传动的振动信号与表面疲劳失效、刚度存有必然联系。通过实验证实,刚度测量与齿轮传动系统的表面磨损传播和振幅的增加有直接的关系,这为齿轮健康监测提供了一种新技术。P. Kumar 等通过在线传感器研究对正齿轮磨损和润滑油分解的影响,建了一套可靠的齿轮箱状态在线监测系统。Yuanw 等在充分润滑和不足润滑条件下,研究了垂直于相对滑动方向的径向槽对差速器端面摩擦磨损性能的影响,即摩擦力的幅度减小,在润滑不足的情况下摩擦失效时间之前,A5 的脉动值逐渐增加;在充分润滑、径向槽的作用下,在垫圈的槽区域中发现了非接触区域和光滑的表面区域,并且垫圈磨痕上的浅而窄的犁槽是主要的磨损形态,并且在润滑不足的情况下,磨损更为严重。E. Guillermo 等利用现有理论,将实验获得的齿轮耐磨性与 L10 预测寿命进行了比较,结果表明该模型将齿轮的耐磨性作为齿轮预测寿命的影响因素具有可行性。

张俊等建立了直齿圆柱齿轮磨损模型,分析了齿面负载和轮齿微观修形对齿面磨损量的影响。胡波等将上述齿轮磨损模型与理论验算方法结合,对齿轮副的磨损量进行了分析。蒋进科等运用计算机技术,对齿轮磨损问题建立了动态仿真模型,多重载荷工况对齿面磨损次数有显著影响。潘冬等运用理论推导及数值仿真技术,从理论上实现了对齿轮磨损寿命的预测。李海平等通过行星齿轮磨损故障实验方法验证,得到的 PCAEDT-DBN 齿轮故障诊断设计方案具有很高的准确度,诊断时间短等优势。陈海锋等分析认为齿轮的耐磨性能与表面粗糙度值相关,并提出通过主动控制微观形貌结构来提高齿轮的抗磨损 Abbott 曲线。王凯达等通过建立弯扭耦合模型,利用 Runge-Kutta 法对齿轮动力学进行求解,分析了齿轮磨损和轴承间隙对齿轮振幅的影响。使用改进的齿轮磨损实验设备测定了齿轮齿面的磨损量,并推导出了齿面磨损量与磨损寿命的计算公式。何照荣等采用了改良的灰色时序预测模型来检测和分析石化装备重载齿轮系统的磨损量。赵军等研究发现,阶次分析与倒谱分析相结合,可以有效地解决核电装载机减速装置由于齿轮磨损而难以准确识别故障元件的问题。

4.5　主要研究内容

本书通过利用 Ansys Workbench 对不同仿生形貌齿轮进行了动力学特性及疲劳特性仿真研究。首先,本书基于 UG NX 12.0 对不同仿生形貌的齿轮进行三维参数化建模,并导出为 x_t 中间格式。然后将齿轮模型导入 Ansys Workbench 和 nCode 中进行静力学分析、模态分析以及疲劳特性仿真分析,综合上述分析特性,确定了最佳仿生凹坑形貌的设计方案,再对最佳仿生凹坑形貌的尺寸参数进行了优化设计。本书的主要研究内容如下:

(1)通过对仿生非光滑表面的研究,发现非光滑表面的许多优异的特性。例如:减黏降阻功能特性、自清洁功能特性、耐磨抗疲劳特性等。通过对具有这些特性的生物进行非光滑表面研究,以穿山甲、贝壳、蜣螂体表的微观形貌为设计原型,在齿面引入 3 种仿生非光滑凹坑形貌分别为横型条纹仿生凹坑形貌、井字型仿生凹坑形貌和球型仿生凹坑形貌,通过运用三维建模软件 UG NX 12.0 对 3 种仿生非光滑凹坑形貌齿轮和普通齿轮(对照组)进行了三维参数化建模。

(2)利用 Ansys Workbench 静力学分析,通过分析对比仿生凹坑形貌和普通齿轮的等效应力、摩擦应力、等效应变、总变形等仿真结果。再将静力学分析得到的数据导入 nCode 模块进行疲劳特性仿真分析,讨论分析仿真结果的疲劳损伤和疲劳寿命,初步选出最佳具有良好耐磨、抗疲劳性能的仿生非光滑凹坑形貌。

(3)通过对普通齿轮和最佳仿生凹坑形貌齿轮进行模态分析,对比分析确定仿生凹坑形貌齿轮的频率和普通齿轮的频率,并讨论它们的频率和振幅,进一步验证仿生凹坑表面形貌具有一定的减振、降噪功能。

(4)通过单因素仿真分析方案,依次研究了井字型仿生凹坑形貌的凹坑宽度、横向中心距和纵向中心距对耐磨抗疲劳性能的影响,然后确定最佳井字型仿生凹坑形貌齿轮的最佳参数组合方案。对于指导后续的仿生齿轮的研究奠定了坚实的研究基础,也拓宽仿生非光滑表面仿生研究之路,为齿轮的抗疲劳性能的研究提供了新的思路和方法。

4.6 最佳仿生凹坑形貌的确定及相关分析理论的选取

4.6.1 仿生设计原型的确定

穿山甲能够在坚硬的土壤表面进行来回活动,而自己的身体却毫发无损。国内学者对穿山甲体表的鳞片进行研究发现,鳞片表面是呈现条纹状的非光滑形态,这种形态是穿山甲具有很好耐磨性的主要原因。穿山甲鳞片微观形貌如图4.7所示。

图4.7　穿山甲鳞片微观形貌

海洋中的贝类生活在海床的沙子和淤泥中,并一直被海水侵蚀,也长期受到沙子和砾石的摩擦。在这种特殊恶劣的环境下,贝壳为了生存,它的表面慢慢进化成为非光滑的带有凹坑的形貌。通过显微镜观察,发现壳表面的凹坑尺寸为 $100 \sim 300\ \mu m$,并且凹坑微单元在身体表面上有序且均匀地分布,凹坑呈井字型分布,如图4.8所示为贝壳体表形貌。

图4.8　贝壳体表形貌

吉林大学的研究人员通过对蜣螂的体表进行微观分析,发现在蜣螂的体表有许多凹坑状的微观结构,研究这些凹坑的分布规律发现它们是按照特殊的规律排列在一起的,进一步研究发现,这些凹坑结构使蜣螂的体表具有非常良好的减阻和耐磨特性。通过对蜣螂体表各部位的观察,其体表单元体结构的形状大部分为凹坑形,如图4.9所示。

基于仿生表面非光滑形态的研究,仿生表面非光滑形态具有自清洁功能特性、减黏降阻功能特性以及耐磨抗疲劳特性等。因此将仿生表面非光滑表面应用到齿轮表面的仿生

图 4.9　蜣螂体表形貌

设计上,在尽可能降低非光滑形态对齿轮所造成不良影响的情况下,我们将会在齿轮优化发展道路上找到一条全新的道路,这对整个机械工业都具有较高的实际意义和科学研究价值。在前人研究结论基础上,本书根据贝壳、沙漠蜥蜴、蚯蚓的体表仿生形貌,选择了横型条纹仿生非光滑表面、井字型仿生非光滑表面、球型仿生非光滑表面 3 种仿生设计方案。

4.6.2　仿生凹坑形貌齿轮三维模型的建立

1. UG 12.0 软件介绍

UG 目前是市场上功能最强大产品设计研发辅助性工具,它不但用传统机械产品实体建模的技术而且在曲面制作能力上也是遥遥领先,使它能够完成更加精确复杂的模型设计。同时 UG 的使用操作界面非常的人性化,对初学者非常友好,简单易学。还有方便的模型切换窗口,以便于建立不同模型窗口之间快速切换窗口完成设计。当然它的特色功能是能够无数次的 undo 功能。UG NX 12.0 还支持中文操作界面以及强大的 help 帮助功能,能让你快速寻找定位自己需要的功能图标。同时它支持多种格式的三维模型输入和输出,同时使三维到二维模型转换更加方便快捷。具体软件界面以及模块介绍如图 4.10 所示。

UG 被广泛运用在航空航天、汽车生产以及模具设计领域,UG 将这些领域设计成一个个单独的模块。可以通过选择不同的模块进行快速建模,完成模型设计。UG 还有着非常强大的用户自定义设置,创作者可以根据自己的使用习惯对 UG 的不同模块的操作进行专业定制,使创作者的效率大大提高,这些优势使它在工业界占有很重要的一席之地。

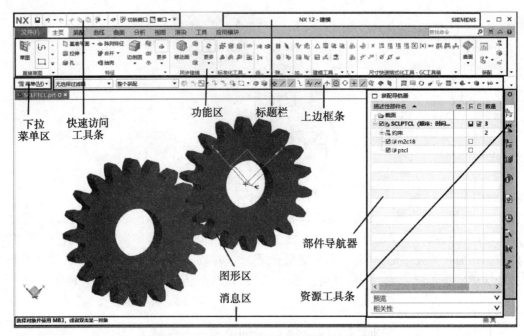

图 4.10　UG NX 12.0 软件界面以及模块介绍

2. 三维模型建立的过程

基于 UG NX 12.0 软件的 GC 工具箱确定直齿轮三维模型(图 4.11)。本书基于此模型进行仿生凹坑形貌的研究。齿轮三维模型参数见表 4.1。

图 4.11　齿轮三维啮合模型

表 4.1　齿轮三维模型参数

	主动轮	从动轮
模数(M)	2	2
牙数(z)	18	20
齿宽(s)	10	10
压力角(α)	20	20

本书采用单因素分析法,通过不同仿生凹坑形貌进行仿真分析,提供齿轮的等效应

力、摩擦应力、等效应变和总变形的云图以及模态分析,设计了一组对照组 PT(普通齿轮)以及 3 种不同仿生凹坑形貌齿轮模型,分别为 HX(横型条纹仿生凹坑)、JZX(井字型仿生齿轮)、QX(球型仿生凹坑),齿轮仿生凹坑类型参数如表 4.2 所示,具体尺寸参数如下:

表 4.2 齿轮仿生凹坑类型参数(μm)

仿生凹坑类型	齿轮编号	凹坑直径	横向中心距	纵向中心距
横型条纹仿生凹坑	HX	150	9 000	250
井字型仿生齿轮	JZX	150	1 000	250
普通齿轮	PT	0	0	0
球型仿生凹坑	QX	150	1 000	300

现有的研究结果表明:齿轮磨损主要发生在节线附近,齿轮损坏主要发生在齿轮轮齿的齿根部位。因为当前齿轮最主流加工的主要方法是范成法,依据齿轮刀具轮齿与齿轮毛坯齿与齿完成啮合的过程,也即完成了齿轮轮齿的加工过程。但是,如果通过常规方法加工齿轮,则齿轮刀具的顶部将在齿轮的底部切割太多,因此将切掉齿根处的一部分齿尖以严重降低了轮齿本身的强度,在受到较大的冲击载荷时,齿轮极易发生齿根轮齿的折断。

基于吉林大学的仿生实验室的研究成果,本书将仿生凹坑引用于节线偏下区域,经仿真分析,在距离齿顶高以下 1.2 倍模数附近区域对齿轮强度和刚度削弱作用较小,而且还对轮齿折断具有很好的预防作用,降低了齿轮的最大疲劳损伤和提高最小疲劳寿命。

建模时直接采用 UG NX 12.0 的 GC 工具箱对齿轮进行初步建模。然后通过建立基准平面对仿生凹坑的类型以及大小进行确定,最后采用布尔求差将凹坑形貌印于齿廓表面。不同仿生凸坑形貌齿轮的三维参数化建模如图 4.12 所示。

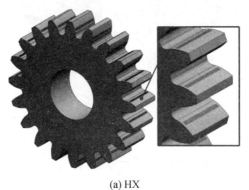

(a) HX

图 4.12 不同仿生凹坑形貌齿轮的三维参数化建模

(b) JZX

(c) PT

(d) QX

续图 4.12

4.6.3　疲劳特性分析理论和模态分析理论

1. 疲劳损伤累计理论

随着疲劳理论的发展,基于累积损伤疲劳理论的疲劳分析方法已成为在交变应力幅中估算疲劳寿命安全性的重要方法。根据其他学者对疲劳失效结构的研究发现,绝大多数疲劳失效原因是循环负荷变量作用于该结构的脆弱部位然后累积损伤而引起的。疲劳刚开始发展时,因为材料本身存在的缺陷,然后材料在循环交变载荷作用下,在材料缺陷处造成疲劳损伤积累,最后达材料的极限而发生断裂。Palmgren-Miner 损伤法则理论就是一种解释构件的疲劳损伤累积过程的理论。假设每次循环会造成损伤 $1/N$,这样的损

伤经过了 n 次的累积横幅载荷造成的损伤如下:

$$D = n/N$$

经过一次加载过程对部件产生的损伤,然后随着加载次数的增加,损伤出现累计的情况,当损伤超过 1 时,所产生的破坏我们称为失效。当负载随着时间变化而变化,形成一个周期所造成的损伤相对于每一步负载幅值造成的损伤和

$$D = \sum_{i=0}^{k} \frac{n_i}{N_i} \tag{4.1}$$

式中　k——变幅载荷应力级数水平;

　　　N_i——第 i 阶载荷的循环次数;

　　　n_i——对应的是 i 阶载荷作用下的疲劳寿命。

当损伤超过 1 时,部件的材料就会发生疲劳破坏:

$$D = \sum_{i=1}^{N_f} \frac{n_i}{N_i} = \sum_{i=1}^{N} \frac{1}{N_s} = D_f \tag{4.2}$$

式中　N_s——时间 t 对应力幅值 Sk 对应的循环数。

2. 应力疲劳分析理论

最早的疲劳设计方法是应力疲劳方法,也称为应力疲劳或 $S-N$ 疲劳曲线。该方法基于组件和材料的应力和疲劳曲线,然后将相应的波谱加载到样品上。在此基础上,通过累加基于疲劳损伤理论的疲劳分析结果,可以获得疲劳寿命和疲劳损伤结构分布。基于 $S-N$ 曲线的疲劳设计方法,描述了循环破坏与恒定应力幅值之间的关系。

$S-N$ 曲线的参考公式有很多种类。要根据不同的需求选择合适的公式类型:

(1) 幂函数式。

每种材料的 $S-N$ 曲线描述最常用的形式是幂函数表达式,其表达式

$$S^m N = C \tag{4.3}$$

式中　C——应力比、材料、载荷方式等有关的参数。

当实验体的负载类型和材料已经确定后,通过对应关系可以计算出相应的疲劳循环次数,对公式(4.3)两边同时取对数

$$m \lg S + \lg N = \lg C$$

从上述表达式可以明显得出应力 S 和循环次数 N 存在着计算关系。将直角坐标系转化为对数坐标系可以将式(4.4)复杂的曲线变成直线,极大地减少了后期的计算量。

(2) 指数式。

除了上面的幂函数表达式之外还可以用指数形式来表达 $S-N$ 曲线,表达式为

$$m \lg S + \lg N = \lg C$$

同样对上式两边取对数得到

$$\lg N = a + b \lg S \tag{4.4}$$

式中　a、b——材料的参数。

(3) 三参数式。

在无限寿命设计中,在 $S-N$ 曲线中主要考虑疲劳极限 Sf,表达式为

$$(S - S_f)^m N = C \tag{4.5}$$

在此式中多出了一个参数 S_f，并且当 S 逐渐接近 S_f 时，N 不断趋向于无穷大逐渐达到无限疲劳寿命。

3. 模态分析理论

模态分析是研究进行机械零件固有频率特性的重要研究理论。通过模态分析可以得到机械零件的固有频率、振型等模态参数。在获得参数的基础上，可以分析和预测给定频率范围内机械结构的实际振动情况。通过模态分析可以对机械零件的实际振动进行调整达到改善机械结构的性能或者可以通过模态分析对实际振动情况进行理论验证，总之，模态分析作为分析机械结构动力学和测试设备的重要方法之一，在机械领域发挥着重要的研究作用。

本书通过对仿生凹坑形貌齿轮和普通齿轮进行模态分析，得到两者前 10 阶的固有频率。通过分析得到模态仿真分析云图，分析它们的振型、振幅以及频率。模态分析方法可以分为三大类：

（1）基于有限元仿真技术的数值模态分析法。

模态数值分析方法离散化机械结构的连续振动，使用有限元方法创建参数的数学模型，并使用计算机软件来计算模式参数。模态数值分析的优点是通过调整结构参数，可以根据有限元分析结果预测机械结构的运动特性，解决振动和噪声问题。当然，模态数值分析技术有一些缺点，例如，机械结构越大计算时间越长。由于边界条件的设置与实际情况不同，计算衰减与实际数值之间存在一定的间隙，所以建模和模拟结果不真实但近似。

（2）基于系统输入信号和频率响应函数的模态参数辨识实验模态分析。

在自由情况下，通过外部输入负载和模态分析获得激振力和响应，把这些激振力和响应转化为整个模型的振动响应和响应谱。模态识别振动模式图的实验模态，分析结果。建立了四个过程的数学模型：获取测试模态数据进行频率响应函数处理、建立数学模型、模态识别和获取振动模式图。

（3）基于系统响应试验的模态分析。

通过系统响应的时域法的试验模态分析可以得到最准确的分析结果，因为该方法输入的激励为实际情况下的激励，转化为数字信号然后输入软件直接进行模态分析。这种方法的运用为模态分析提供了一条全新的思路。

上述的后两个方法可以获得更现实和准确的结果，因为它们可以直接用于条件结构系统测试中。从而可以获得更真实、更准确的结果。

模态分析结构完整的动力学方程可以表示为

$$[M]\{X''\} + [C]\{X'\} + [K]\{X\} = \{F(t)\} \tag{4.6}$$

式中　　$[M]$—— 质量实对称矩阵；

　　　　$[C]$—— 阻尼实对称矩阵；

　　　　$[K]$—— 刚度实对称矩阵。

不管是对自由情况下的构件进行疲劳特性分析，还是对在受到交变负载情况下的疲劳特性分析。首先都要研究自由条件下的模态分析，自由条件和受载情况下的模态分析，相对于矩阵方程的齐次和非齐次的关系。因为通过模态分析可以研究许多领域的实际振动频率等问题。随着计算机计算能力的大幅度提高，模态分析的软件界面变得越来越方便简洁,求解结果也越来越接近真实情况。所以它得到了飞速发展。

目前模态分析在航空航天领域也得到重用,为航天机械的振动和固有频率进行优化设计,以验证模型的正确性,为进一步优化和完善理论模型提供了依据。在汽车领域的应用:通过对车架、悬架系统和驾驶室等进行模态分析,将得到的结果分析其动力学特性,为设计提供了基础。在机床设计领域,对机床结构进行模态分析和动态研究可以改善机床性能并优化实验数据。此外,模态分析的应用方向还有很多,也适用于机械工程、结构工程、核工程等许多方面。

4.6.4　小结

通过对仿生非光滑表面的研究,发现非光滑表面许多优异的特性。例如减黏降阻功能、自清洁功能特性、耐磨抗疲劳特性等。对具有这些特性的生物穿山甲、贝壳、蜣螂的体表的微观形貌结构进行研究,确定引入齿面的三种非光滑形貌——横型条纹仿生凹坑形貌、井字型仿生形貌和球型仿生凹坑形貌。通过 UG 完成仿生凹坑形貌齿轮的三维建模。同时对疲劳特性分析理论和模态分析理论进行研究,为下文有限元分析建立理论基础。

4.7　仿真结果与分析

4.7.1　Ansys Workbench 及其 nCode 软件介绍

Ansys Workbench 是在 Ansys ADPL 经典版本后推出的另一个软件升级版本,新软件的界面更加人性化,操作界面更加符合人们的使用规律,更为重要的是,他对软件功能进行了模块化设计,让操作人员上手简单轻松。在各个模块里面也实现了快捷的指令操作。特别是在 Ansys Workbench 2020 R1 以后可以支持中文显示,对国内人员更加友好,本书分析采用 Ansys Workbench 2020 R2 版本,具体如图 4.13 所示。同时 Ansys Workbench 集合了静力学、动力学、场等的仿真分析。功能非常强大。本书主要运用静力学分析和模态分析,对普通齿轮以及仿生凹坑齿轮的应力应变以及振动变形进行分析、解释,完善非光滑仿生表面理论,为国内齿轮结构优化添砖加瓦。

Ansysn Code DesignLife 是集成在 Ansys Workbench 平台上的高级疲劳分析模块,为我们提供了先进的疲劳分析的解决方法。Ansys nCode DesignLife 是 ANSYS 公司和疲劳分析领域的领头羊 HBM 公司一起合作开发出来的一个强大的模块。它通过流程图的形式把 Ansys Workbench 计算出来的结果直接应用在该模块上。同时 Ansys nCode DesignLife 和 Ansys Workbench 的数据库实现数据共享,我们可以直接在 Workbench 平台上对材料参数进行统一管理。Ansys nCode DesignLife 软件的主界面和功能模块,点击 nCode SN Constant(DesignLife)模块的 Solution(B5)进入 nCode 疲劳分析界面,该界面如图 4.14 所示。

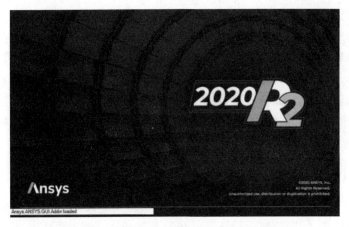

图 4.13　Ansys Workbench 2020 R2 开启界面

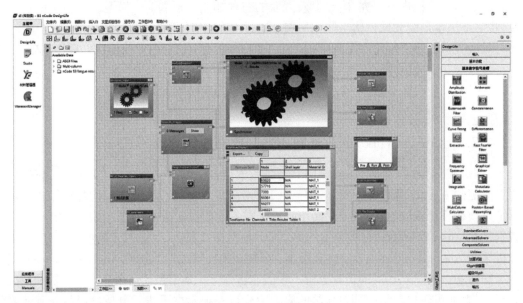

图 4.14　nCode 界面介绍

4.7.2　静力学仿真结果与分析

1. 静力学仿真分析前处理

利用 Ansys Workbench 软件中的静力学分析模块对正常齿轮和仿生齿轮进行力学分析,分析两齿轮在相同工况下所产生的等效应力、接触应力、形变以及位移等参数变化量。利用 UG NX 12.0 软件进行齿轮三维模型的建立并完成两齿轮的配合,在啮合装配完成后,通过简单干涉检查两个齿轮是否发生干涉现象。在确定无干涉情形后 parasolid 导出后缀为 x–t 的文件。然后再导入 Ansys Workbench 的 Static Structural 模块进行静力学分析。使用材料为 structural steel。structural steel 的具体参数如表 4.3 所示。

表 4.3　齿轮材料参数

材料名称	材料密度/(kg·m⁻³)	杨氏模量/MPa	泊松比	抗拉强度/MPa
structural steel	7 850	20 000	0.3	460

打开静力学分析的 A4 model 对话框,依次对齿轮的接触条件、网格以及约束条件进行设置,具体设置如下:

(1)对齿轮啮合进行接触设置,选取 frictional 的接触形式,目标表面和摩擦系数设置为 0.05。采用广义拉格朗日进行仿真计算,法向刚度系数为 0.1,接触设置为调整接触。

(2)网格划分。加载齿轮和受载齿轮的单元尺寸为 1 mm,在两齿轮啮合的轮齿处进行网格加密,加密尺寸为 0.2 mm。点击生成网格,设置参数为 1 000 N·mm。

(3)加载设置。受载齿轮采用固定约束。加载齿轮采用远程位移进行其他方向以及转向进行约束,同时设置转矩为 1 000 N·mm,采用直接求解法。

(4)对其他三组进行相同求解设置,完成仿真计算。

计算完成后,通过 Ansys Workbench 对计算结果进行后处理。

2. 不同仿生形貌齿轮的应力分析

本书通过对不同类型的凹坑表面的等效应力(图 4.15 和图 4.16)研究发现:等效应力最大发生在齿轮直接啮合处,其次是啮合对侧的齿跟部分,最后是啮合一侧的齿根部分。虽然仿生凹坑形貌的引入使个别最大等效应力大于普通齿轮,如横型条纹仿生形貌大于球型仿生形貌、大于普通齿轮、大于井字型仿生形貌的最大等效应力,它们的仿真数值分别为 46.752 MPa、44.817 MPa、35.444 MPa 和 34.08 MPa。通过讨论分析,最大等效应力和齿轮的疲劳磨损相关,最大等效应力越大,疲劳磨损越严重。表面看起来仿生形貌对齿轮的等效应力没有降低作用,但是通过计算啮合面节点的等效应力平均值发现,其普通齿轮的平均等效应力最大,数值为 2.65 MPa,其次是横型条纹仿生形貌、井字型仿生形貌和球型仿生形貌,平均等效应力为 2.4 MPa、1.95 MPa 和 1.72 MPa。仿生形貌的引入

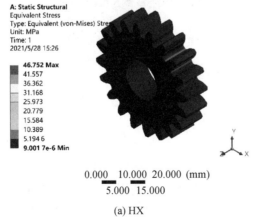

(a) HX

图 4.15　不同仿生凹坑形貌齿轮等效应力分布云图

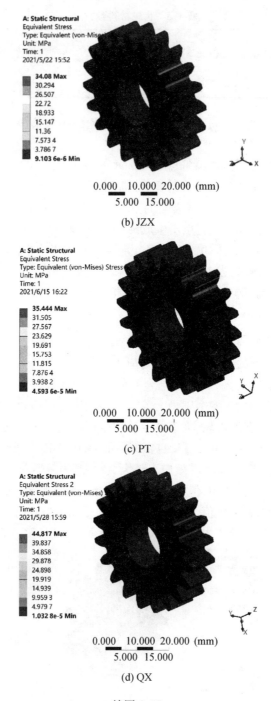

(b) JZX

(c) PT

(d) QX

续图 4.15

对啮合面的平均等效应力有着明显的改善作用。其中相对于普通齿轮来说,平均等效应力分别下降了 9.43%、26.4% 和 35.1%。通过讨论分析:仿生凹坑形貌的等效应力平均值均低于普通齿轮。相对于普通齿轮,由于仿生凹坑在变形过程中产生了高、低应力区起到了应力缓释的效果,降低了齿轮啮合齿面的等效应力平均值,改善了仿生凹坑形貌的受

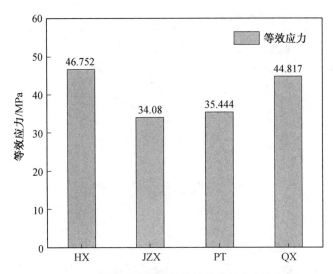

图 4.16　不同仿生凹坑形貌齿轮的等效应力柱状图

力条件和应力分布。同时查阅参考文献发现,仿生非光滑表面形貌具有动压效应,因此在齿轮啮合过程中可以形成收敛缝隙流体膜层,使每凹坑都像一个微动力滑动轴承,使齿面的表面摩擦系数降低,减少啮合过程中的磨损。

　　根据摩擦应力分布云图(图 4.17)和不同仿生凹坑形貌齿轮的最大摩擦应力柱状图(图 4.18)分析显示:仿生凹坑形貌齿轮啮合时产生的最大摩擦应力均小于普通齿轮,其中井字型仿生形貌最小为 0.140 13 MPa,然后是横型条纹仿生凹坑形貌和球型仿生形貌,它们的最大摩擦应力为 0.189 85 MPa 和 0.348 81 MPa。相对于普通齿轮的 0.376 54 MPa 来说,分别下降了 62.8%、49.6% 和 7.4%。同时将啮合区域的所有节点数据提取出来计算啮合区域的平均摩擦应力发现,横型条纹仿生凹坑形貌的平均摩擦应力最小,其次是井字型仿生形貌和球型仿生形貌,它们的平均摩擦应力的数值分别是 2.664×10^{-3} MPa、3.709×10^{-3} MPa 和 6.682×10^{-3} MPa。同样普通齿轮的平均摩擦应力最大为 $1.691\ 7 \times 10^{-2}$ MPa。通过讨论分析,将仿生凹坑形貌置于普通齿轮,在齿轮啮合时产生的摩擦应力都有所降低,通过查阅文献讨论分析,仿生凹坑形貌在齿轮啮合时能够起到缓释应力的作用,达到降低磨损,提升寿命的目的。同时因为非光滑表面的置入,使齿轮齿面能够进行存储润滑油,进一步降低了齿轮啮合过程中形成干摩擦的可能性,降低齿面的磨损。

3. 不同仿生形貌齿轮的等效应变和总变形分析

　　从不同仿生凹坑形貌齿轮的等效应变分布云图(图 4.19)等效应变云图和不同仿生凹坑形貌齿轮的最大等效应变柱状图(图 4.20)分析可知:四种不同类型的齿轮的最大等效应变发生都发生在齿轮啮合处。在齿轮根部两侧也出现比较大的等效应变。从仿真结果可以看出四种类型中最大等效应变的齿轮类型为横型条纹仿生凹坑齿轮,它的仿真数值为 $4.126\ 3 \times 10^{-4}$,然后是球型仿生凹坑齿轮,模拟数值为 $2.842\ 6 \times 10^{-4}$;其次是普通齿轮,其数值为 $2.840\ 1 \times 10^{-4}$;最后是井字型仿生凹坑齿轮,它的仿真数值最小为 $2.344\ 5 \times 10^{-4}$。结果讨论分析:仿生凹坑形貌的引入对齿轮的刚度造成了一定程度的削弱

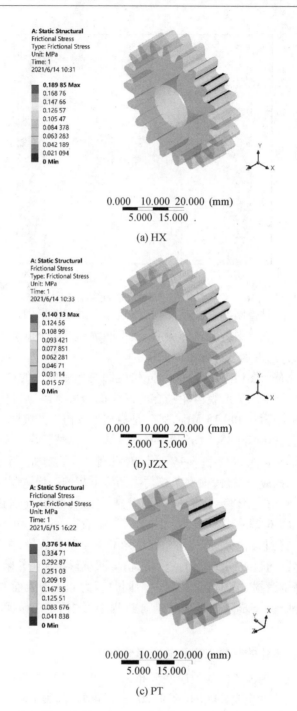

(a) HX

(b) JZX

(c) PT

图 4.17　不同仿生凹坑形貌齿轮的摩擦应力分布云图

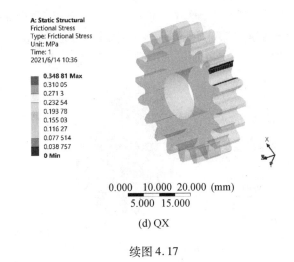

(d) QX

续图 4.17

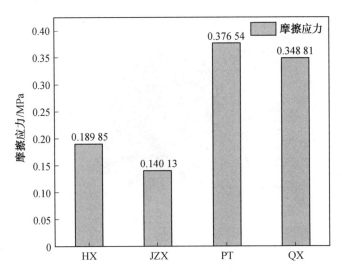

图 4.18 不同仿生凹坑形貌齿轮的最大摩擦应力柱状图

作用,因此造成了横型条纹和球型仿生凹坑齿轮的最大等效应变大于普通齿轮,但是就啮合齿面所有的节点取平均值发现,除了球型仿生凹坑齿轮的平均等效应变为 2.00×10^{-5} 大于普通齿轮的平均 1.80×10^{-5},其他两种仿生凹坑形貌都小于普通齿轮。特别是井字型仿生凹坑形貌的平均等效应变为 1.23×10^{-5}。相对于普通齿轮降低了 31.7%。综合等效应变和平均等效应变分析,井字型仿生凹坑形貌的综合性能较为优异。

根据不同仿生凹坑形貌齿轮总变形云图(图 4.21)和不同仿生凹坑形貌齿轮最大总变形柱状图(图 4.22)中可以看出:普通齿轮的总变形最大,它的仿真数值为 $3.742\ 3\times10^{-4}$;其次是井字型仿生凹坑齿轮和横型条纹仿生凹坑齿轮,它们的数值分别是 $3.384\ 6\times10^{-4}$ 和 $3.336\ 1\times10^{-4}$,最小的是球型仿生凹坑齿轮,它的仿真数值为 $2.967\ 8\times10^{-4}$。总变形是反应齿轮在啮合受载后,齿轮的变形程度。根据 4 种不同类型的齿轮受载后齿轮的总变形分布云图显示,最大变形量发生在齿轮顶部。如果齿轮的总变形越大,齿轮传动时啮合越困难,同时变形造成啮合产生振动和噪声。从仿真数值可以看出,仿生凹坑齿轮的总变形都小于普通齿轮,通过讨论分析其原因有以下两点:一是将仿生凹坑的引入,降低了轮齿两侧根部最大变形量,从而使轮齿顶部的变形数值更小。二是齿轮仿生凹坑区域会造成轮齿的局部变形,从而降低齿顶的变形量。

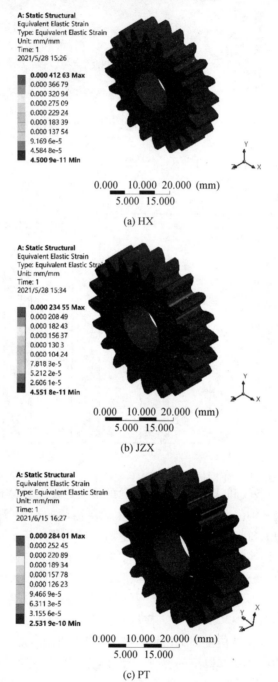

(a) HX

(b) JZX

(c) PT

图 4.19　不同仿生凹坑形貌齿轮的等效应变分布云图

(d) QX

续图 4.19

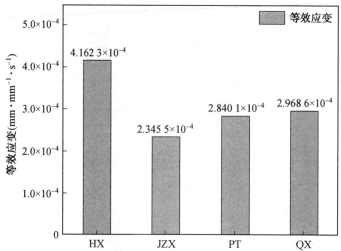

图 4.20　不同仿生凹坑形貌齿轮的最大等效应变柱状图

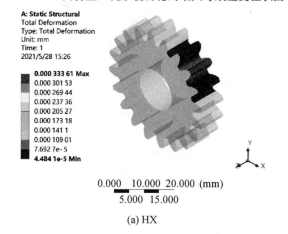

(a) HX

图 4.21　不同仿生凹坑形貌齿轮总变形云图

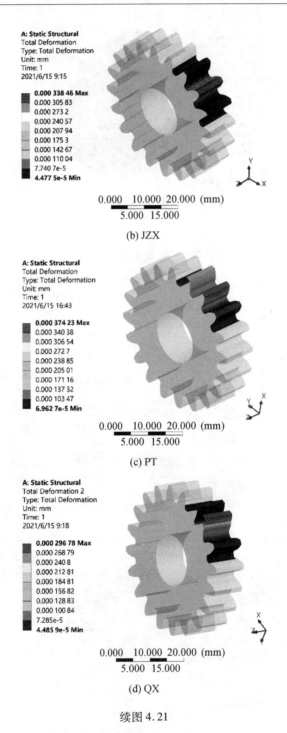

(b) JZX

(c) PT

(d) QX

续图 4.21

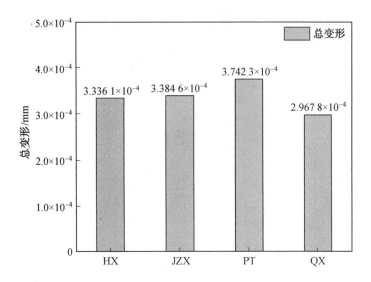

图 4.22　不同仿生凹坑形貌齿轮最大总变形柱状图

4.7.3　不同仿生形貌齿轮的疲劳特性分析

因为 nCode 的材料库和 Ansys workbench 的材料库是共享的。因此我们直接采用 Ansys Workbench 材料库中的 structural steel 的 S-N 曲线,如图 4.23 所示。点击 simulation input 的 Display,将模型在 Ansys Workbench 静力学计算的数据文件导入。该流程图在打开之前就将测试数据以及材料的 S-N 曲线自动加载进入 Bill of Materials Input 框图中。再进入 StressLife Analysis 的 Advance Edit 对求解器类型以及进行材料的加载,本书采用的求解器为 MultiMean Curve 求解器,材料用的是 structural steel,它的 UTS 为 460 MPa;杨氏模量为 2.0×10^5 MPa;负载为 1 000 N·mm,Max Factor 和 Min Factor 分别设置为 1、-1。在设置完成之后,进行疲劳特性分析计算。

如图 4.24 所示为不同仿生凹坑齿轮模型的疲劳损伤分布云图。从图中可知,4 组齿轮模型的疲劳寿命呈现出相似的分布状态,都是在齿轮啮合区域和齿根处形成疲劳损伤。因为仿生凹坑形貌和齿面的应力分布状态和应变不尽相同,造成了不同仿生凹坑形貌齿轮的最大疲劳损伤也不尽相同。从图 4.25 不同仿生凹坑形貌齿轮疲劳损伤柱状图中分析可知,其中最小的最大疲劳损伤为球型仿生形貌,其仿真数值为 4.586×10^{-8},然后是井字型仿生凹坑齿轮仿真,数值为 4.586×10^{-8},再是横型条纹仿生凹坑齿轮 2.355×10^{-8},最后是普通齿轮,其仿真数值为 1.902×10^{-7}。通过讨论分析可知:除了横型条纹仿生凹坑齿轮的疲劳损伤增大,造成疲劳损伤增大的原因可能是仿生凹坑形貌的引入形成了欲置裂纹,近而使疲劳损伤增大。随着仿生凹坑形貌的引入,大部分的疲劳损伤呈下降的趋势,相对于普通齿轮井字型下降了 $1.768\ 2 \times 10^{-7}$,球型仿生形貌下降了 $1.443\ 4 \times 10^{-7}$。经过讨论分析可以得出:将仿生凹坑形貌置入普通齿轮,在相同条件下可以降低齿轮的疲劳损伤,达到减少齿轮磨损的目的。

如图 4.26 所示为不同仿生凹坑齿轮模型的疲劳寿命分布云图。从图中不同仿生凹坑齿轮模型的分布云图分析可知,4 组齿轮模型的疲劳寿命呈现出相似的分布状态,都集

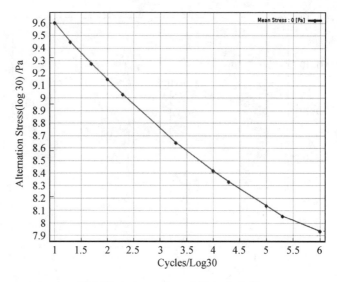

图 4.23　structural steel 的 S-N 曲线

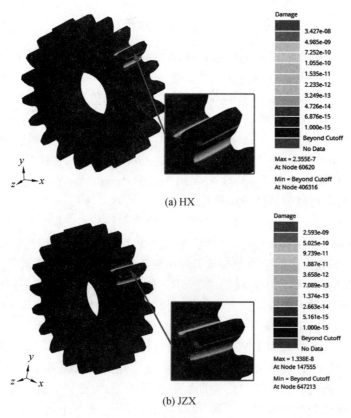

图 4.24　不同仿生凹坑形貌齿轮疲劳损伤分布云图

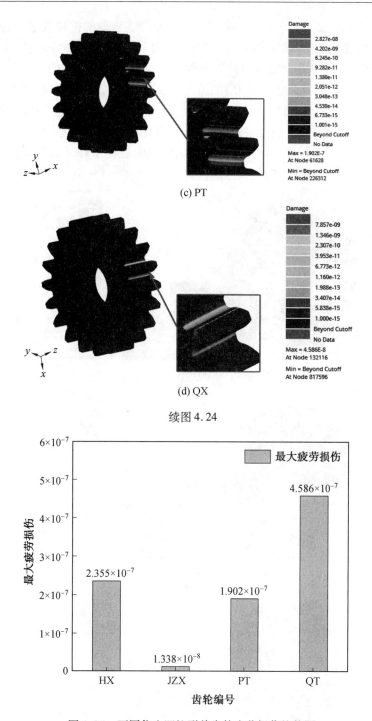

图 4.25　不同仿生凹坑形貌齿轮疲劳损伤柱状图

中在齿轮啮合区域以及齿跟两侧。从图 4.27 不同仿生凹坑形貌齿轮疲劳寿命柱状图中对最小疲劳寿命分析可知:4 组最小疲劳寿命的排序为井字型仿生凹坑齿轮大于球型仿生凹坑形貌,大于普通齿轮,大于横型条纹仿生凹坑齿轮,它们的仿真模拟数值分别为

7.474×10^7、2.181×10^7、5.258×10^6 和 4.245×10^6。从普通齿轮的模拟数值研究,仿生凹坑形貌的置入使齿轮的最小疲劳寿命明显增加。其中井字型仿生凹坑形貌增加达到 $6.948\ 2\times10^7$,充分展现了井字型仿生凹坑形貌具有较好的应力分散作用,使啮合区域的平均等效应力、等效应变都降低,从而增加齿轮的疲劳寿命,显示出了极佳的抗疲劳性能。球型仿生凹坑形貌增加了 $1.655\ 2\times10^7$。但是也出现了横型条纹仿生凹坑形貌的最小疲劳寿命小于普通齿轮的情况,经过讨论分析:仿生凹坑形貌的引入使在凹坑处产生了应力集中,使疲劳寿命稍有降低。但是其他两种仿生形貌明显优于普通齿轮。这也从侧面证明了仿生非光滑表面具有优秀的抗疲劳的优势。

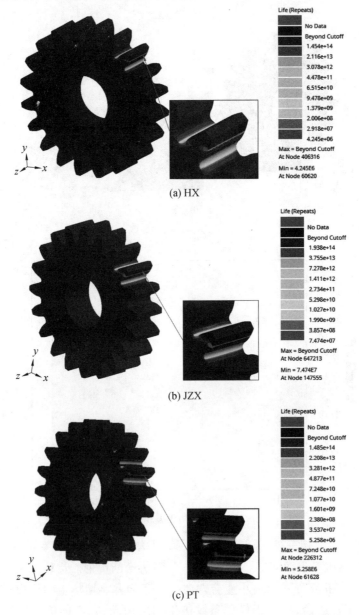

图 4.26　不同仿生凹坑形貌齿轮疲劳寿命分布云图

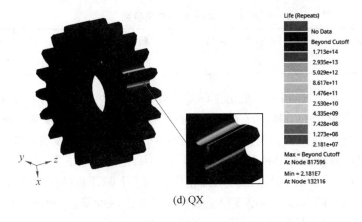

(d) QX

续图 4.26

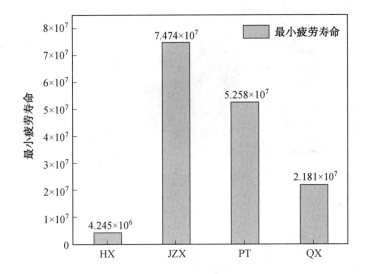

图 4.27　不同仿生凹坑形貌齿轮疲劳寿命柱状图

　　综上所述,对所有仿真分析结果数据讨论分析可知:井字型仿生凹坑形貌在齿轮啮合时具有良好的耐磨抗疲劳的性能。此外,准备进一步对普通齿轮和井字型仿生凹坑形貌的齿轮进行模态分析,论证将仿生凹坑形貌置入普通齿轮对齿轮具有一定程度减振降噪的作用。

4.7.4　不同仿生形貌齿轮模态分析

　　将之前通过 UG NX 12.0 导出的井字型仿生凹坑齿轮和普通齿轮的 x_t 文件导入 Ansys Workbench 里的 Model 模块。然后对齿轮的材料参数进行设置。具体参数见表 4.4。网格划分是模态分析中重要的一环,网格的质量直接影响到求解速度和求解结果的准确性。本书将采用四面体网格,对网格的单元尺寸设置为 1 mm,同时对齿轮齿面进行网格加密设置,单元尺寸为 0.5 mm。约束条件:将齿轮孔内壁设置为固定支持。分析结果如图 4.28 所示(因篇幅有限,只取前 4 阶振型)。

表 4.4　40Cr 材料相关参数

材料类型	材料密度(kg·m⁻³)	杨氏模量	泊松比
40Cr	7870	$2.11×10^{11}$	0.277

从普通齿轮(图 4.28)和井字型仿生凹坑齿轮(图 4.29)的模态分析结果可以看出：普通齿轮的频率范围在 44 304 ~ 67 770 Hz，而井字型仿生凹坑齿轮频率范围为 31 369 ~ 48 020 Hz。相对于普通齿轮来说，井字型仿生凹坑的频率最大，频率也从 67 770 Hz 降低到 48 020 Hz，最小频率从 44 304 Hz 降低到 31 369 Hz，范围降低了 29.04%。经过讨论分析：井字型仿生凹坑形貌的引入不仅使频率范围得到了下降，同时最高和最低频率也有所下降。使井字型仿生凹坑齿轮频率变得更加集中和范围区间降低，更难与机床其他零部件产生共振，降低共振引发振动的概率，可有效减少机床噪声的产生。

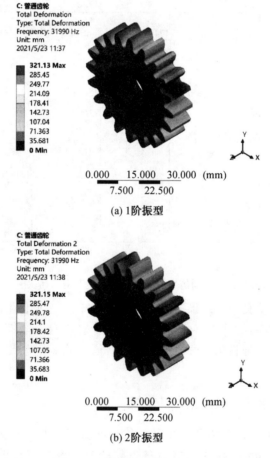

图 4.28　普通齿轮前 4 阶振型图

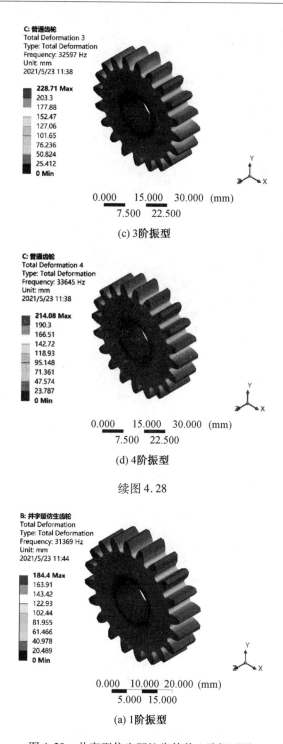

(c) 3 阶振型

(d) 4 阶振型

续图 4.28

(a) 1 阶振型

图 4.29　井字型仿生凹坑齿轮前 4 阶振型图

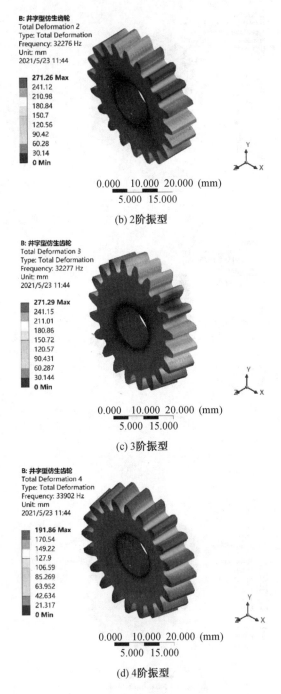

(b) 2阶振型

(c) 3阶振型

(d) 4阶振型

续图 4.29

　　通过表 4.5 普通齿轮的模态分析结果、表 4.6 井字型仿生凹坑形貌齿轮的模态分析结果和图 4.30 两种齿轮的频率对比柱状图的仿真结果对比分析可知:不管是普通齿轮还是井字型仿生凹坑形貌齿轮它们的振型都相同,最大振幅也非常相近。通过讨论分析:仿生凹坑形貌的引入对齿轮的振型和最大振幅的影响较小,经过讨论分析,仿生齿轮和普通齿轮的振型相似,因此,将井字型仿生凹坑形貌置于普通齿轮的齿面对齿轮的齿面、齿轮的刚性的削弱不明显。通过频率仿真数据分析可以得到仿生齿轮的频率范围明显低于普通齿轮的频率范围,且仿生齿轮频率范围更加集中。仿生非光滑形貌置于普通齿轮轮齿表面,会起到显著降低齿轮振动、噪声等现象的发生,使机床发生共振的概率大大降低。

表 4.5　普通齿轮的模态分析结果

模态分析阶数	固有频率/Hz	振型	最大振幅/mm
1	44 304	圆周振	184.33
2	45 582	径向振	273.32
3	45 583	径向振	273.15
4	47 879	伞形振	192.05
5	50 065	弯曲振	286.15
6	50 065	弯曲振	285.85
7	66 219	径向振	276.98
8	66 220	径向振	276.96
9	67 770	弯曲振	318.51
10	67 770	弯曲振	318.5

表 4.6　井字型仿生凹坑形貌齿轮的模态分析结果

模态分析阶数	固有频率/Hz	振型	最大振幅/mm
1	31 369	圆周振	184.4
2	32 276	径向振	271.26
3	32 277	径向振	271.29
4	33 902	伞形振	191.86
5	35 457	弯曲振	284.68
6	35 458	弯曲振	287.49
7	46 923	径向振	276.11
8	46 923	径向振	276.02
9	48 019	弯曲振	319.09
10	48 020	弯曲振	319.13

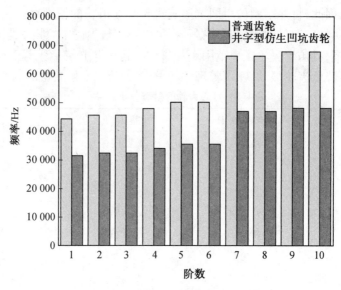

图 4.30　两种齿轮的频率对比柱状图

4.7.5　小结

基于仿生非光滑表面理论研究,本书以穿山甲、贝壳、蜣螂体表的微观形貌为设计原型,在齿面引入 3 种仿生非光滑凹坑形貌分别为横型条纹仿生凹坑形貌、井字型仿生凹坑形貌和球型仿生凹坑形貌。通过三维软件 UG NX 12.0 对 3 种非光滑凹坑形貌齿轮和普通齿轮(对照组)进行三维模型的建立。通过 Ansys Workbench 静力学分析研究 3 种不同的仿生凹坑齿轮的应力应变、模态分析和 nCode 研究它们疲劳损伤与疲劳寿命。确定具有最佳耐磨抗疲劳能力的仿生凹坑形貌类型齿轮为井字型仿生凹坑齿轮。

4.8　不同仿生非光滑凹坑形貌参数
对齿轮耐磨抗疲劳特性的影响

4.8.1　井字型仿生凹坑宽度对齿轮耐磨抗疲劳特性的影响

为研究不同宽度但相同位置的仿生凹坑形貌在处理啮合中对等效应力、疲劳损伤、疲劳寿命的影响,设定 5 组不同宽度、相同位置的井字型仿生凹坑形貌,具体参数如表 4.7 所示。

表 4.7　井字型仿生凹坑齿轮的参数设置(μm)

齿轮编号	凹坑宽度	横向中心距	纵向中心距
JZX134	50	1 000	250
JZX234	75	1 000	250
JZX334	100	1 000	250
JZX434	125	1 000	250
JZX534	150	1 000	250

1. 井字型仿生凹坑宽度对等效应力变化规律的影响

根据不同仿生凹坑宽度齿轮的等效应力分布云图(图 4.31)和最大等效应力曲线图(图 4.32)分析可知:在齿轮啮合处等效应力最大,其次是齿轮跟部。随着仿生凹坑形貌尺寸的增大,最大等效应力大体是先随着仿生凹坑形貌尺寸的增加而降低,在形貌尺寸为 100 μm 时,齿轮最大等效应力为最下值,其仿真数值为 28.754 MPa,相对于普通齿轮仿真数值的 53.029 MPa,降低了 45.8%,然后再随着仿生凹坑形貌尺寸的增加最大等效应力增大。通过讨论分析:产生这样的原因是仿生非光滑表面理论、裂纹等因素的共同作用。刚开始,因为仿生形貌尺寸比较小,在齿轮啮合过程中相对于引入了预置裂纹,在齿轮啮合过程中,裂纹先从仿生凹坑形貌底部开始产生,加速裂纹的形成。但随着凹坑形貌尺寸的增加,仿生非光滑理论占主导地位,对齿轮传动具有改善作用,因此最大等效应力呈现下降趋势,当仿生凹坑形貌尺寸大于 100 μm 时,仿生凹坑形貌的作用开始减弱,其仿真产生应力集中造成最大等效应力增大。因此,井字型仿生凹坑形貌尺寸以 100 μm 为最优选择。

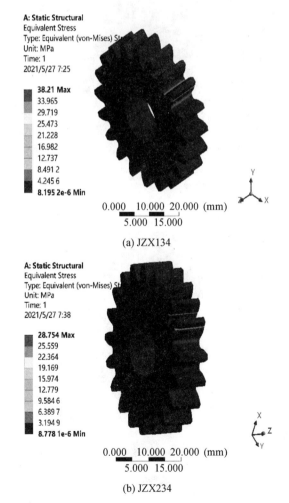

(a) JZX134

(b) JZX234

图 4.31　井字型不同凹坑宽度齿轮的等效应力分布云图

(c) JZX334

(d) JZX434

(e) JZX534

续图 4.31

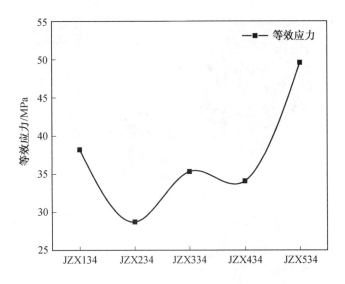

图4.32　井字型不同凹坑宽度齿轮的等效应力曲线图

2. 井字型仿生凹坑宽度对疲劳损伤变化规律的影响

从不同仿生凹坑形貌的疲劳损伤分布云图(图4.33)中观察可知,损伤最大发生的区域为两齿轮啮合部分先产生损伤,其次是齿轮根部。通过研究最大疲劳损伤曲线图(图4.34)可以看出,随着仿生凹坑形貌尺寸的增大,最大疲劳损伤先降低,在仿生凹坑形貌尺寸为100 μm时达到最小,其最大疲劳损伤仿真数值为$1.531×10^{-9}$。然后随着仿生凹坑形貌尺寸的增大,疲劳损伤也开始增大。观看疲劳损伤折线图我们发现损伤和最大等效应力曲线比较相似。通过讨论分析:得出最大疲劳损伤和最大等效应力具有相关性。而最大疲劳损伤越小,在相同条件下,疲劳损伤越小,齿轮磨损也就越小,齿轮传动的稳定性就越高。因此从疲劳损伤来说,井字型仿生凹坑形貌尺寸100 μm为最优选择。

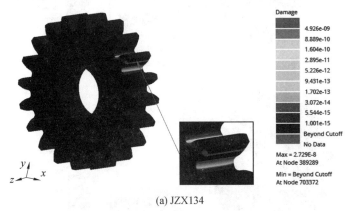

(a) JZX134

图4.33　井字型不同凹坑宽度齿轮的最大疲劳损伤分布云图

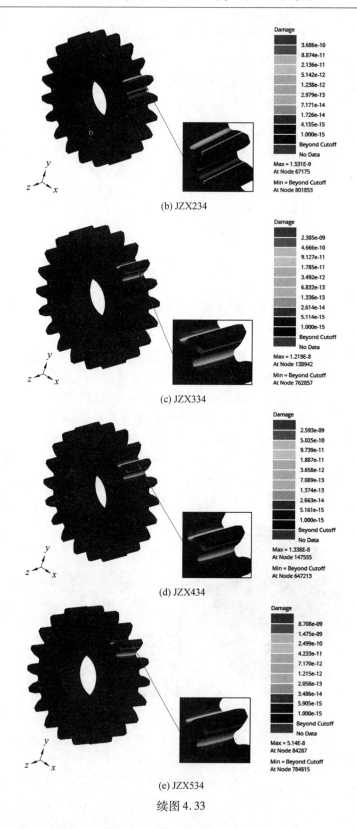

(b) JZX234

(c) JZX334

(d) JZX434

(e) JZX534

续图 4.33

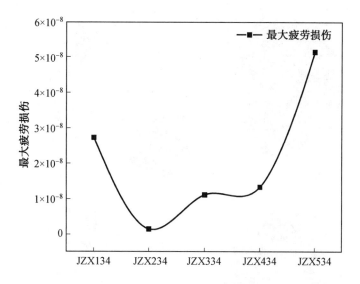

图 4.34　井字型不同凹坑宽度齿轮的最大疲劳损伤曲线图

3. 井字型仿生凹坑宽度对疲劳寿命变化规律的影响

通过最小疲劳寿命分布云图(图 4.35)中可以看出:不同的仿生形貌齿轮疲劳寿命云图和疲劳损伤云图相似,但是根据最小疲劳寿命曲线(图 4.36)图中显示可知,最小疲劳寿命的趋势和最大疲劳损伤折线图并没有高度相似,而是随着井字型仿生形貌尺寸的增加最小疲劳寿命也增加,在仿生凹坑形貌尺寸为 100 μm 时,最小疲劳寿命达到最大值,仿真数值为 6.53×10^8。然后随着仿生凹坑形貌尺寸的增加,疲劳寿命又呈现下降趋势。通过最小疲劳寿命显示,井字型仿生凹坑形貌的引入对齿轮的最小疲劳寿命有着明显的提升,特别是形貌尺寸为 100 μm 的凹坑,其最小疲劳寿命增加了 $6.477\ 42 \times 10^8$,其他仿生凹坑形貌也分别增加了 $1.375\ 2 \times 10^7$、3.182×10^7、$7.675\ 2 \times 10^7$、$6.942\ 8 \times 10^7$、$1.419\ 2 \times 10^7$、1.187×10^7。通过讨论分析:仿生凹坑的引入对齿轮的疲劳寿命具有明显提升的作用。其次,最佳仿生凹坑形貌以及尺寸对齿轮的提升更加明显,原因是仿生凹坑形貌对齿轮的应力应变、总变形以及疲劳损伤都有优化作用。

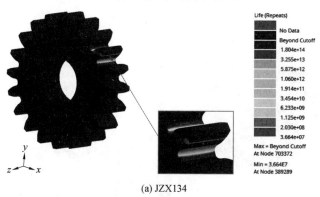

(a) JZX134

图 4.35　井字型不同凹坑宽度齿轮的疲劳寿命分布云图

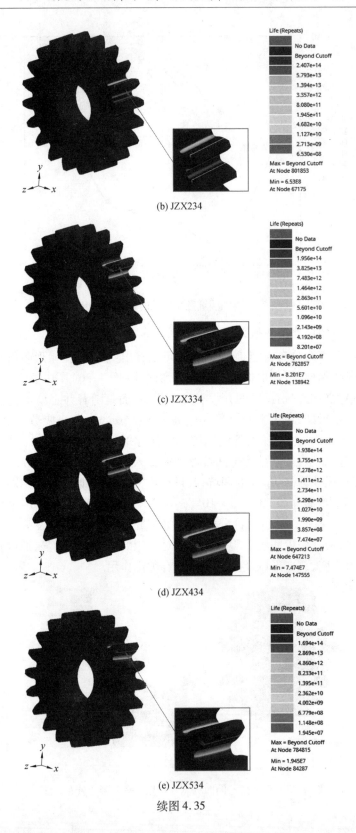

(b) JZX234

(c) JZX334

(d) JZX434

(e) JZX534

续图 4.35

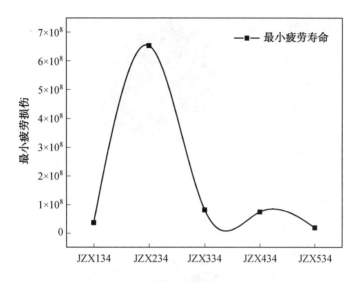

图 4.36　井字型不同凹坑宽度齿轮的最小疲劳寿命曲线图

对井字型仿生凹坑形貌的宽度设置从 75～175 μm,间隔为 25 μm 的 5 组仿生凹坑形貌尺寸,然后进行静力学仿真分析和疲劳仿真分析。通过分析随着形貌尺寸增加,等效应力、疲劳损伤以及疲劳寿命的变化趋势,确定最佳井字型仿生凹坑形貌宽度尺寸为100 μm。

4.8.2　井字型仿生凹坑横向中心距对齿轮耐磨抗疲劳特性的影响

通过上述试验对比得出仿生凹坑宽度为 100 μm 时疲劳寿命较高,因此为研究相同凹坑宽度、不同横向中心间距的井字型仿生凹坑形貌对等效应力、疲劳损伤、疲劳寿命等的影响,设定 5 组不同横向中心间距的井字型仿生凹坑形貌,基于上述仿真实验数据调整井字型仿生学凹坑横向中心间距来做仿真模拟试验,其横向中心间距参数如表 4.8 所示。

表 4.8　井字型仿生凹坑齿轮的参数设置(μm)

齿轮编号	凹坑宽度	横向中心距	纵向中心距
JZX231	100	400	250
JZX232	100	600	250
JZX233	100	800	250
JZX234	100	1 000	250
JZX235	100	1 200	250

1. 井字型仿生凹坑横向中心距对等效应力变化规律的影响

根据不同横向中心距的井字型仿生凹坑齿轮的等效应力云图(图 4.37)中观察分析可知:在齿轮啮合处等效应力最大,其中 JZX235 的最大等效应力最大,其仿真数值为37.068 MPa。其次是 JZX231、JZX232、JZX233。最后是 JZX234,仿真模拟数值为28.754 MPa,最小的等效应力相对于普通齿轮45.8%,等效应力越小,其啮合处的切向力

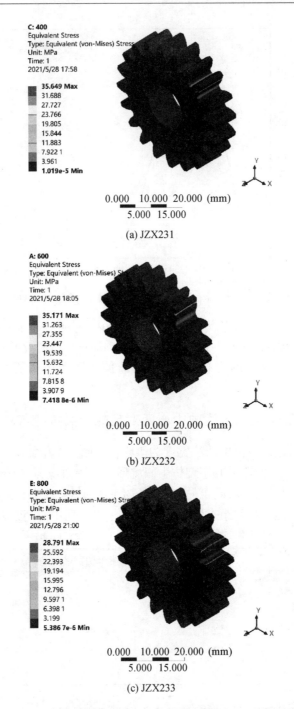

C: 400
Equivalent Stress
Type: Equivalent (von-Mises) Stress
Unit: MPa
Time: 1
2021/5/28 17:58

35.649 Max
31.688
27.727
23.766
19.805
15.844
11.883
7.922 1
3.961
1.019e-5 Min

0.000   10.000 20.000 (mm)
      5.000 15.000

(a) JZX231

A: 600
Equivalent Stress
Type: Equivalent (von-Mises) Stress
Unit: MPa
Time: 1
2021/5/28 18:05

35.171 Max
31.263
27.355
23.447
19.539
15.632
11.724
7.815 8
3.907 9
7.418 8e-6 Min

0.000   10.000 20.000 (mm)
      5.000 15.000

(b) JZX232

E: 800
Equivalent Stress
Type: Equivalent (von-Mises) Stress
Unit: MPa
Time: 1
2021/5/28 21:00

28.791 Max
25.592
22.393
19.194
15.995
12.796
9.597 1
6.398 1
3.199
5.386 7e-6 Min

0.000   10.000 20.000 (mm)
      5.000 15.000

(c) JZX233

图 4.37　井字型不同横向中心距齿轮的等效应力分布云图

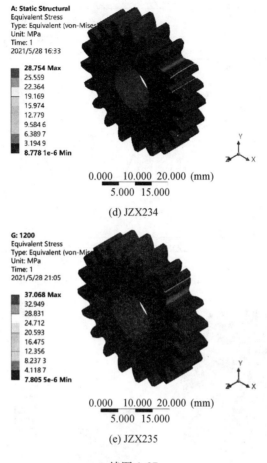

(d) JZX234

(e) JZX235

续图 4.37

也越小,对齿轮减少磨损具有一定作用,从而可以增加齿轮的寿命。因此横向中心距为 1 000 μm 井字型仿生凹坑形貌对齿轮磨损的改善作用最为显著。

通过对不同横向中心距的井字型仿生凹坑齿轮的最大等效应力曲线图(图 4.38)分析可以得出:随着横向中心距尺寸的增大,最大等效应力先减少,在横向中心距尺寸为 1 000 μm 时,最大等效应力降到最小,其仿真数值为 28.754 MPa,然后随着尺寸增加最大等效应力也随之增加。通过讨论分析,横向中心距尺寸越小,其引入的凹坑条纹越多。齿轮表面不平整度越低,更加容易产生应力集中导致最大等效应力变大。当达到一定程度后,随着横向中心距尺寸的增加,凹坑形貌的引入就显得不明显,因此齿轮性能的改善较小,最大等效应力也随之升高。

2. 井字型仿生凹坑横向中心距对疲劳损伤变化规律的影响

根据不同横向中心距的井字型仿生凹坑齿轮的疲劳损伤分布云图(图 4.39)观察分析可知:在齿轮啮合处和齿根部分的疲劳损伤最严重,其中最大疲劳损伤均发生在齿轮啮合处。根据疲劳损伤分别云图显示,最大疲劳损伤是 JZX232 仿真模拟,数值为 2.624×10^{-8},最小的疲劳损伤为 1.531×10^{-9}。都低于普通齿轮的疲劳损伤。通过分析讨

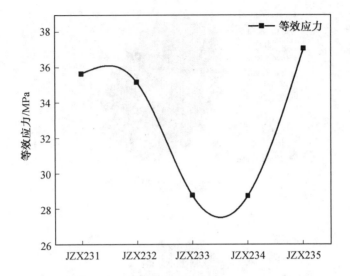

图 4.38　井字型不同横向中心距齿轮的等效应力曲线图

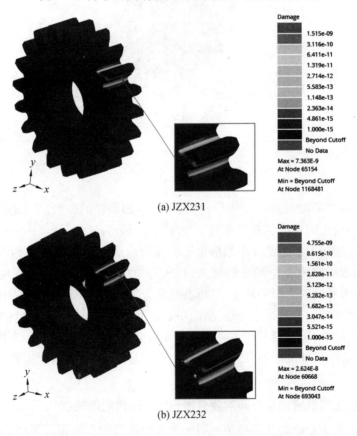

图 4.39　井字型不同横向中心距齿轮的疲劳损伤分布云图

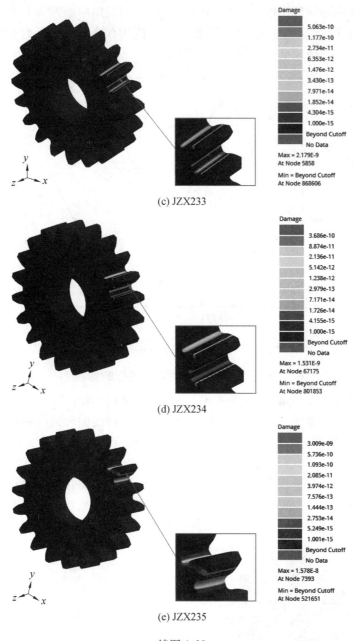

(c) JZX233

(d) JZX234

(e) JZX235

续图 4.39

论:不同横向中心距的井字型仿生凹坑形貌的齿轮的疲劳损伤都具有改善作用。其中横向中心距为 1 000 μm 的井字型仿生凹坑形貌对疲劳损伤的改善尤为显著。

　　结合图 4.39 和图 4.40,在横向中心距较小时,相对于在仿生区域的突起较多且小,因此在啮合时磨损就较大,前段仿真结果是随着横向中心距的增大,疲劳损伤也随之增大。当齿轮在 600~1 000 μm 时,仿生凹坑增加齿轮的耐磨性占主要影响,因此疲劳损伤随着横向中心距的增大而下降。当尺寸大于 1 000 μm 时,随着横向中心距的增大,仿生非光滑表面越不明显导致损伤增大。经过讨论分析：当横向中心距为 1 000 μm 时，井字型仿生凹坑形貌对齿轮频率损伤的改善能力最强，因为在横向中心距为 1 000 μm 时，仿生非光滑表面理论在齿轮啮合中的优势非常明显。

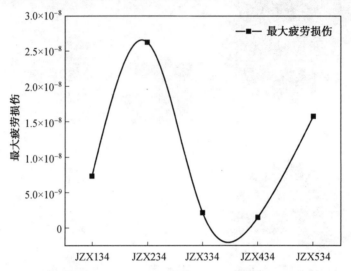

图 4.40　井字型不同横向中心距齿轮的最大疲劳损伤曲线图

3. 井字型仿生凹坑横向中心距对疲劳寿命变化规律的影响

通过最小疲劳寿命分布云图（图 4.41）和其曲线图（图 4.42）中可以分析出：齿轮的最小疲劳寿命随着横向中心距的增大，最大疲劳损伤的折线图和最小疲劳寿命具有相似性，都呈现先升高后降低的趋势。在 5 组不同横向中心距中最小疲劳寿命的最小仿真数据为 $3.81×10^7$，最大的数据是编号为 JZX234 的仿生凹坑形貌，它的仿真模拟值为 $6.53×10^8$。通过讨论分析，5 组不同横向中心距仿生凹坑形貌的齿轮的疲劳寿命都大于普通齿轮的疲劳寿命 $5.258×10^6$。表明仿生凹坑形貌的引入对齿轮的疲劳寿命具有明显的改善作用。其中横向中心距为 1 000 μm 的凹坑形貌最为显著。

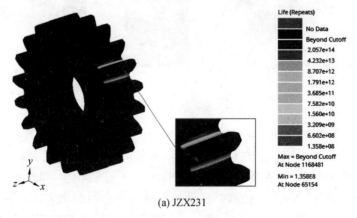

(a) JZX231

图 4.41　井字型不同横向中心距齿轮的疲劳寿命分布云图

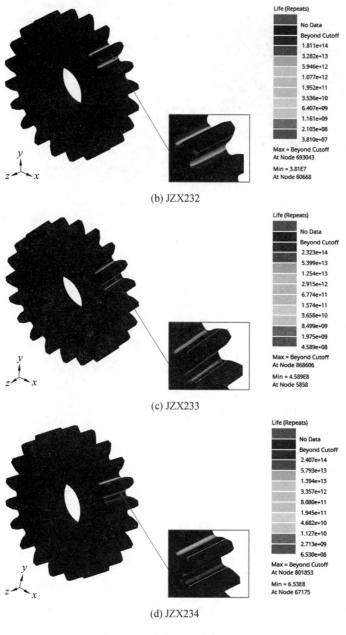

(b) JZX232

(c) JZX233

(d) JZX234

续图 4.41

Life (Repeats)

No Data
Beyond Cutoff
1.905e+14
3.632e+13
6.924e+12
1.320e+12
2.516e+11
4.797e+10
9.145e+09
1.743e+09
3.324e+08
6.336e+07

Max = Beyond Cutoff
At Node 521651
Min = 6.336E7
At Node 7393

(e) JZX235

续图 4.41

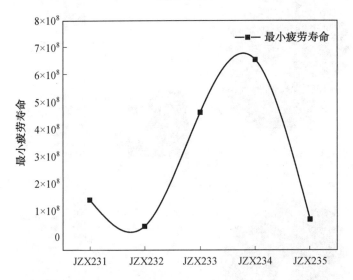

图 4.42　井字型不同横向中心距齿轮的疲劳寿命曲线图

4.8.3　井字型仿生凹坑纵向中心距对齿轮耐磨抗疲劳特性的影响

通过上述试验对比得出井字型仿生凹坑形貌的横向中心距对疲劳特性的影响呈"山形"变化趋势,其中当横向中心距为 1 000 μm 时其疲劳特性最优异。因此为研究相同宽度、相同横向中心距、不同纵向中心距的井字型仿生凹坑形貌对疲劳特性的影响。设定了 5 组凹坑宽度尺寸为 100 μm、横向中心距为 1 000 μm、不同纵向中心距的仿生凹坑形貌,基于上述仿真实验数据调整井字型仿生凹坑形貌的纵向中心间距进行仿真模拟试验,其相关参数如表 4.9 所示。

表 4.9　井字型仿生凹坑齿轮的参数设置(单位:μm)

齿轮编号	凹坑宽度	横向中心距	纵向中心距
JZX214	100	1 000	150
JZX224	100	1 000	200
JZX234	100	1 000	250
JZX244	100	1 000	300
JZX254	100	1 000	350

1. 井字型仿生凹坑纵向中心距对等效应力变化规律的影响

根据不同仿生凹坑宽度齿轮的等效应力云图(图 4.43)和最大等效应力曲线图(图 4.44)观察分析可知:由此图像呈现先减小后增大的变化规律。在纵向中心距为 250 μm 仿生凹坑形貌最大等效应力最小仿真数值为 28.754 MPa,相对于普通齿轮更加稳定,从而磨损更小。通过讨论分析,在纵向中心距比较小时,仿生凹坑形貌比较密集,存在应力集中区域,导致最大等效应力变大,当尺寸大于 250 μm 时,仿生凹坑形貌造成的齿轮刚度削弱较大,导致最大等效应力增加。研究井字型不同纵向中心距仿生凹坑形貌的等效应力折线图,选取最小等效应力最小的纵向中心距 250 μm。

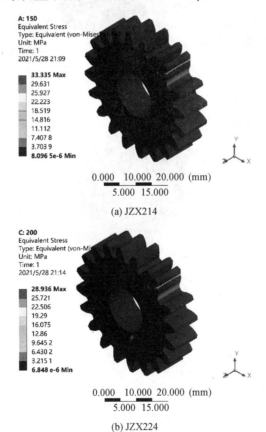

(a) JZX214

(b) JZX224

图 4.43　井字型不同纵向中心距齿轮的等效应力分布云图

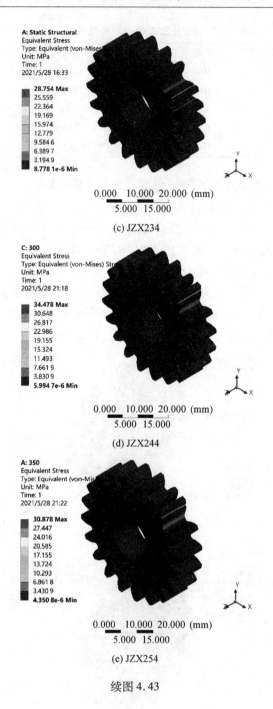

(c) JZX234

(d) JZX244

(e) JZX254

续图 4.43

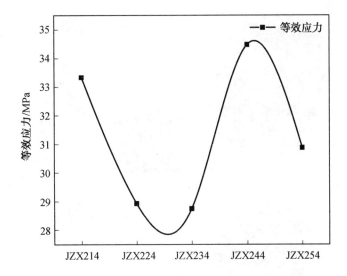

图 4.44　井字型不同纵向中心距齿轮的等效应力曲线图

2. 井字型仿生凹坑纵向中心距对疲劳损伤变化规律的影响

从不同仿生凹坑形貌的疲劳损伤分布云图(图 4.45)和其损伤曲线(图 4.46)中分析可知：齿轮的疲劳损伤随着纵向中心距的增加先降低再升高，在纵向中心距为 250 μm 疲劳损伤最小，最大等效应力同样也是纵向中心距为 250 μm。在相同工况下，疲劳损伤越小，齿轮的耐磨性越好。与普通齿轮相比，带有仿生凹坑形貌的齿轮最大疲劳损伤都小于普通齿轮。其中纵向中心距为 250 μm 的仿生凹坑耐磨性能最好。

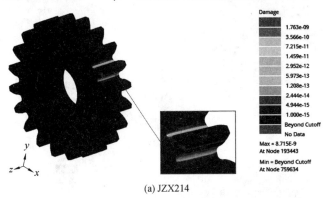

(a) JZX214

图 4.45　井字型不同纵向中心距齿轮的疲劳损伤分布云图

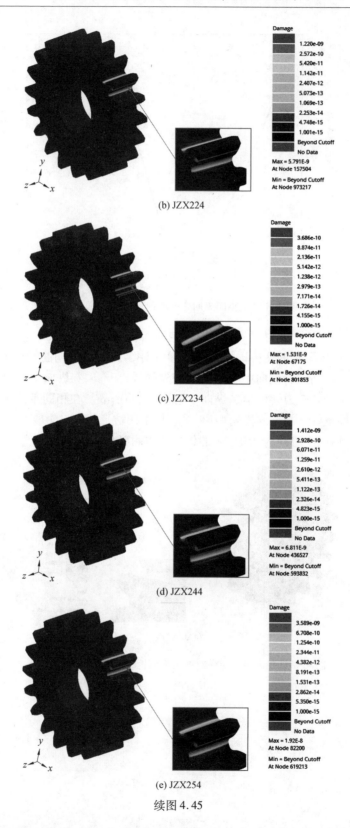

(b) JZX224

(c) JZX234

(d) JZX244

(e) JZX254

续图 4.45

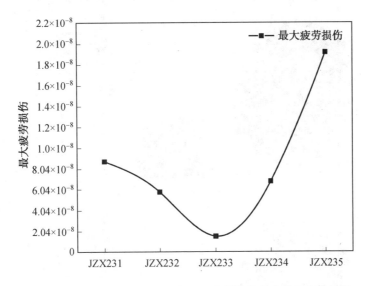

图 4.46　井字型不同纵向中心距齿轮的最大疲劳损伤曲线图

3. 井字型仿生凹坑纵向中心距对疲劳寿命变化规律的影响

通过对井字型不同纵向中心距齿轮的疲劳寿命分布云（图 4.47）和井字型不同纵向中心距齿轮的最小疲劳寿命曲线（图 4.48）中可以看出：仿生凹坑形貌齿轮随着纵向中心距的增加最小疲劳寿命先升高后降低。和前文的最大疲劳损伤相对照，当齿轮最大疲劳损伤最小时，齿轮的最小疲劳寿命最短。经过分析讨论：纵向中心距是 250 μm 的仿生凹坑形貌的最小疲劳寿命最大，体现了良好的抗疲劳性。

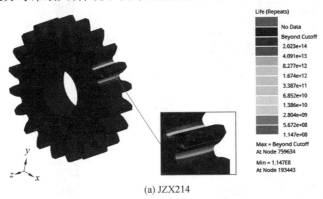

(a) JZX214

图 4.47　井字型不同纵向中心距齿轮的疲劳寿命分布云图

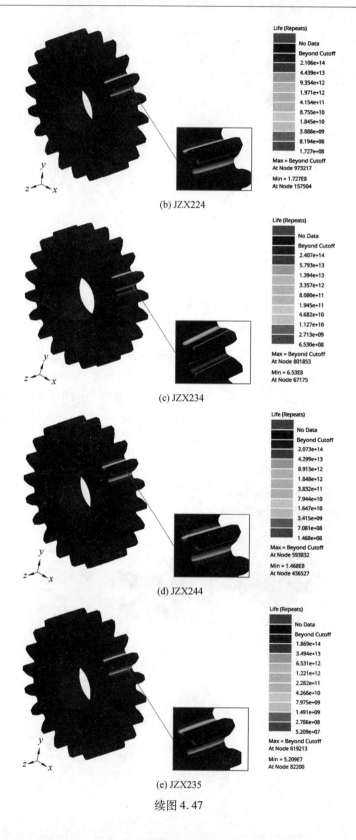

(b) JZX224

(c) JZX234

(d) JZX244

(e) JZX235

续图 4.47

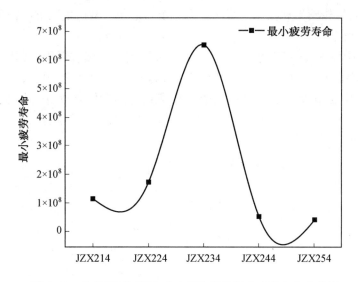

图 4.48　井字型不同纵向中心距齿轮的最小疲劳寿命曲线图

4.8.4　小结

综上所述,分析得出井字型仿生凹坑形貌的引入对齿轮的耐磨性、疲劳特性都有着明显的改善作用。但是不同的形貌尺寸参数对齿轮的影响也有所不同。在合理的形貌尺寸组合下,齿轮抗疲劳性提升明显。本书通过单因素仿真实验方案,得出了凹坑宽度 100 μm、横向中心距 1 000 μm、纵向中心距 250 μm 为井字型仿生形貌齿轮的最佳参数组合方案。

4.9　结　　论

本书针对机床齿轮的耐磨抗疲劳特性问题,将仿生非光滑表面理论和齿轮相结合,基于仿生学、有限元静力学、疲劳仿真分析理论,利用 Ansys Workbench 静力学模块对普通齿轮和仿生凹坑形貌齿轮进行静力学分析和 nCode 的疲劳分析对仿生齿轮的最佳仿生凹坑形貌的类型以及对参数组合方案进行确定。主要结论如下:

(1)通过对仿生非光滑表面的研究,发现非光滑表面许多优异的特性。例如减黏降阻功能特性、自清洁功能特性、耐磨抗疲劳特性,等等。以穿山甲、贝壳、蜣螂体表的微观形貌为设计原型,确定引入齿面的三种非光滑形貌——横型条纹仿生凹坑形貌、井字型仿生形貌和球型仿生凹坑形貌。通过 UG 完成凹坑形貌齿轮和普通齿轮(对照组)的三维建模的建立。

(2)利用 Ansys Workbench 静力学分析和 nCode 模块进行疲劳特性仿真分析,通过分析对比不同仿生凹坑形貌和普通齿轮的等效应力、摩擦应力、等效应变、总变形以及疲劳损伤和疲劳寿命等仿真结果,初步选出具有最佳耐磨抗疲劳的仿生凹坑形貌为井字型仿生凹坑表面形貌。

(3)通过对普通齿轮和井字型仿生凹坑齿轮进行模态分析,分析将井字型仿生凹坑形貌置入齿轮对齿轮频率和振幅的影响。进一步确定井字型仿生凹坑齿轮具有一定程度的减振降噪的性能。

（4）通过单因素仿真实验方案，依次研究了井字型仿生凹坑形貌的凹坑宽度、横向中心距和纵向中心距对耐磨抗疲劳特性的影响，得出了凹坑宽度 100 μm、横向中心距 1 000 μm、纵向中心距 250 μm 为井字型仿生形貌齿轮的最佳参数组合方案。

参考文献

［1］路甬祥. 仿生学的科学意义与前沿［J］. 科学中国人,2004, 4：22-34.

［2］汤勇，周明，韩志武，等. 表面功能结构制造研究进展［J］. 机械工程学报, 2010,23：93-105.

［3］BARTHLOTT W, NEINHUIS C. Purity of the sacred lotus, or escape from contamination in biological surfaces［J］. Planta, 1997, 202：1-8.

［4］WOOD J. Superhydrophobic polymers cast from lotus leaves［J］. Materials Today, 2005, 10(8)：15.

［5］LEE S M, LEE H S, KIM D S, et al. Fabrication of hydrophobic films replicated from plant leaves in nature［J］. Surface and Coatings Technology, 2006, 201(3-4)：553-559.

［6］BECHERT D W, BRUSE M, HAGE W, et al. Fluid mechanics of biological surfaces and their technological application［J］. Naturwissenschaften, 2000, 87：157-171.

［7］BALL P. Engineering shark skin and other solutions［J］. Nature, 1999, 400(6744)：507-509.

［8］杨晓东，任露泉，丛茜. 矿车粘附机理及其清理技术［J］. 农业机械学报, 2001, 32(5)：107-111.

［9］REN L Q, TONG J, LI J Q, et al. Soil adhesion and biomimetics of soil-engaging components：a review［J］. Journal of Agricultural Engineering Research, 2001, 79(3)：239-264.

［10］REN L, HAN Z, LI J, et al. Effects of non-smooth characteristics on bionic bulldozer blades in resistance reduction against soil［J］. Journal of Terramechanics, 2002, 39(4)：221-230.

［11］TONG J, GUO Z J, REN L Q, et al. Curvature features of three soil-burrowing animal claws and their potential applications in soil-engaging components［J］. International Agricultural Engineering Journal, 2003, 12(3-4)：119-130.

［12］REN L, CONG Q, TONG J, et al. Reducing adhesion of soil against loading shovel using bionic electro-osmosis method［J］. Journal of Terramechanics, 2001, 38(4)：211-219.

［13］SEO T W, SITTI M. Tank-like module-based climbing robot using passive compliant joints［J］. IEEE/ASME Transactions on Mechatronics, 2012, 18(1)：397-408.

［14］YU J, CHARY S, DAS S, et al. Gecko-inspired dry adhesive for robotic applications［J］. Advanced Functional Materials, 2011, 21(16)：3010-3018.

［15］陈子飞，许季海，赵文杰，等. 仿甲鱼壳织构化有机硅改性丙烯酸酯涂层的制备及其防污行为［J］. 中国表面工程, 2013, 26(6)：80-85.

［16］IMAFUKU M, KUBOTA H Y, INOUYE K. Wing colors based on arrangement of the multilayer structure of wing scales in lycaenid butterflies (Insecta：Lepidoptera)［J］. Entomological Science, 2012, 15(4)：400-407.

[17] ABDEL-AAL H A, VARGIOLU R, ZAHOUANI H, et al. Preliminary investigation of the frictional response of reptilian shed skin[J]. Wear, 2012, 290: 51-60.

[18] TILLMANN W, STANGIER D, HAGEN L, et al. Tribological investigation of bionic and micro-structured functional surfaces [J]. Materialwissenschaft und Werkstofftechnik, 2015, 46(11): 1096-1104.

[19] 梁瑛娜, 高殿荣, 毋少峰. 凹坑形仿生非光滑表面滑靴副的动压润滑计算[J]. 机械工程学报, 2015, 51(24): 153-160.

[20] ETSION I. State of the art in laser surface texturing[J]. Journal of Tribology, 2005, 27(1): 248-253.

[21] RYK G, ETSION I. Testing piston rings with partial laser surface texturing for friction reduction[J]. Wear, 2006, 261(7-8): 792-796.

[22] ZHENG L, WU J, ZHANG S, et al. Bionic coupling of hardness gradient to surface texture for improved anti-wear properties[J]. Journal of bionic engineering, 2016, 13(3): 406-415.

[23] SUI Q, ZHANG P, ZHOU H, et al. Influence of cycle temperature on the wear resistance of vermicular iron derivatized with bionic surfaces [J]. Metallurgical and Materials Transactions A, 2016, 47: 5534-5547.

[24] HAMILTON D B, WALOWIT J A, ALLEN C M. A theory of lubrication by micro-irregularities[J]. Journal of Basic Engineering, 1966, 88(1):177.

[25] GEIGER M, ROTH S, BECKER W. Influence of laser-produced microstructures on the tribological behaviour of ceramics [J]. Surface and Coatings Technology, 1998, 100: 17-22.

[26] SASI R, SUBBU S K, PALANI I A. Performance of laser surface textured high speed steel cutting tool in machining of Al7075-T6 aerospace alloy[J]. Surface and Coatings Technology, 2017, 313: 337-346.

[27] LIEW K W, KOK C K, EFZAN M N E. Effect of EDM dimple geometry on friction reduction under boundary and mixed lubrication[J]. Tribology International, 2016, 101: 1-9.

[28] YUAN S, HUANG W, WANG X. Orientation effects of micro-grooves on sliding surfaces [J]. Tribology International, 2011, 44(9): 1047-1054.

[29] 吴泽, 邓建新, 亓婷, 等. 微织构自润滑刀具的切削性能研究[J]. 工具技术, 2011, 45(7): 18-22.

[30] 张克栋, 邓建新, 邢佑强, 等. 涂层刀具表面织构化及切削性能研究[J]. 润滑与密封, 2015, 40(2): 8-16.

[31] 刘泽宇, 魏昕, 谢小柱, 等. 激光加工表面微织构对陶瓷刀具摩擦磨损性能的影响[J]. 表面技术, 2015, 44(10): 33-39.

[32] 陈莉, 周宏, 赵宇, 等. 不同形态和间隔非光滑表面模具钢的磨损性能[J]. 机械工程学报, 2008, 44(3): 173-176.

[33] 刘毓，王学文，李博，等. 凹坑形非光滑表面的耐磨性分析及优化设计[J]. 太原理工大学学报，2017，48(1)：73-78.

[34] 杨本杰，刘小君，董磊，等. 表面形貌对滑动接触界面摩擦行为的影响[J]. 摩擦学学报，2014 (5)：553-560.

[35] 任露泉，王再宙，韩志武. 仿生非光滑表面滑动摩擦磨损试验研究[J]. 农业机械学报，2003，34(2)：86-88.

[36] VUKUSIC P, SAMBLES J R, LAWRENCE C R. Colour mixing in wing scales of a butterfly[J]. Nature, 2000, 404(6777): 457-457.

[37] 韩中领，汪家道，陈大融. 不同凹坑深度在乏油润滑状态下的减阻实验[J]. 润滑与密封，2007，32(3)：18-20.

[38] 汤丽萍，刘莹. 表面微织构对重载齿轮传动摩擦性能的影响[J]. 清华大学学报(自然科学版)，2010 (7)：1009-1012.

[39] 吴波，丛茜，熙鹏. 带仿生结构的内燃机活塞裙部优化设计[J]. 农业机械学报，2015，46(6)：287-293.

[40] 葛亮. 仿生不粘锅黏附性能的研究[D]. 长春：吉林大学，2005.

[41] 郭蕴纹. 不粘锅形态-材料自洁耦合仿生研究[D]. 长春：吉林大学，2007.

[42] 邓宝清. 内燃机活塞缸套系统非光滑效应的仿生研究[D]. 长春：吉林大学，2004.

[43] 邓宝清，任露泉，苏岩，等. 模拟活塞缸套摩擦副的仿生非光滑表面的摩擦学研究[J]. 吉林大学学报(工学版)，2004，34(1)：79-84.

[44] 卢广林，邱小明，白杨，等. c-BN 仿生耐磨复合材料的微观结构和耐磨性能[J]. 吉林大学学报(工学版)，2011，41(1)：73-77.

[45] HU J, XU H. Friction and wear behavior analysis of the stainless steel surface fabricated by laser texturing underwater[J]. Tribology International, 2016, 102: 371-377.

[46] JONES K, SCHMID S R. Experimental investigation of laser texturing and its effect on friction and lubrication[J]. Procedia Manufacturing, 2016, 5: 568-577.

[47] RAMESH A, AKRAM W, MISHRA S P, et al. Friction characteristics of microtextured surfaces under mixed and hydrodynamic lubrication[J]. Tribology International, 2013, 57: 170-176.

[48] YAMAGUCHI K, TAKADA Y, TSUKUDA Y, et al. Friction characteristics of textured surface created by electrical discharge machining under lubrication[J]. Procedia CIRP, 2016, 42: 662-667.

[49] CHOM. Friction and wear of a hybrid surface texturing of polyphenylene sulfide-filled micropores[J]. Wear, 2016, 346: 158-167.

[50] ABDEL-AAL H A, VARGIOLU R, ZAHOUANI H, et al. A study on the frictional response of reptilian shed skin [C]//Journal of Physics: Conference Series. IOP Publishing, 2011, 311(1): 012-016.

[51] 张振夫，周飞，王晓雷，等. 滑动表面仿生微结构的摩擦学效应[J]. 机械制造与自动化，2009，38(3)：65-70.

[52]赵军. 凹坑形仿生非光滑表面的减阻特性研究[D]. 大连：大连理工大学,2008.

[53]赵磊，蔡振兵，张祖川，等. 石墨烯作为润滑油添加剂在青铜织构表面的摩擦磨损行为[J]. 材料研究学报，2016，30(1)：57-62.

[54]KAMAT S, SU X, BALLARINI R, et al. Structural basis for the fracture toughness of the shell of the conch Strombus gigas[J]. Nature, 2000, 405(6790)：1036-1040.

[55]MA S, ZHOU T, ZHOU H, et al. Bionic repair of thermal fatigue cracks in ductile iron by laser melting with different laser parameters[J]. Metals, 2020, 10(1)：101.

[56]LU Y, RIPPLINGER K, HUANG X, et al. A new fatigue life model for thermally-induced cracking in H13 steel dies for die casting[J]. Journal of Materials Processing Technology, 2019, 271：444-454.

[57]ZHANG Z, ZHOU H, REN L, et al. Effect of units in different sizes on thermal fatigue behavior of 3Cr2W8V die steel with biomimetic non-smooth surface[J]. International Journal of Fatigue, 2009, 31(3)：468-475.

[58]JIA Z X, LI J Q, LIU L J, et al. Performance enhancements of high-pressure die-casting die processed by biomimetic laser-remelting process [J]. International Journal of Advanced Manufacturing Technology, 2012, 58(5-8)：421-429.

[59]CONG D, ZHOU H, REN Z, et al. The thermal fatigue resistance of H13 steel repaired by a biomimetic laser remelting process[J]. Materials & Design, 2014, 55：597-604.

[60]MENG C, ZHOU H, ZHANG H F, et al. The comparative study of the thermal fatigue behavior of H13 die steel with biomimetic non-smooth surface processed by laser surface melting and laser cladding[J]. Materials and Design, 2013, 51 (5)：886-893.

[61]TONG X, ZHOU H, LIU M, et al. Effects of striated laser tracks on thermal fatigue resistance of cast iron samples with biomimetic non-smooth surface[J]. Materials and Design, 2011, 32(2)：796-802.

[62]YIN Y, WANG Y, XU Z, et al. Repair and characterization of $Cr_{12}MoV$ dies based on laser cladding by wire[J]. Surf. Technol, 2019, 48：312-319.

[63]ZHI B, ZHOU T, ZHOU H, et al. Improved localized fatigue wear resistance of large forging tools using a combination of multiple coupled bionic models[J]. SN Applied Sciences, 2019, 1：1-13.

[64]WENQI Y, MIN H U. Study on wear and thermal fatigue performance about Bionic non-smooth coupling mold[J]. Hot Working Technology, 2016(45)：199-205.

[65]MENG C, WU C, WANG X, et al. Effect of thermal fatigue on microstructure and mechanical properties of H13 tool steel processed by selective laser surface melting[J]. Metals, 2019, 9(7)：773.

[66]刘国敏. 蚯蚓体表减粘降阻功能耦合仿生研究[D]. 长春：吉林大学,2009.

[67]MAYER G. Rigid biological systems as models for synthetic composites[J]. Science, 2005, 310(5751)：1144-1147.

[68]KAMAT S, SU X, BALLARINI R, et al. Structural basis for the fracture toughness of the

shell of the conch Strombus gigas[J]. Nature, 2000, 405:1036-1040.

[69]李恒德, 冯庆玲, 崔福斋, 等. 贝壳珍珠层及仿生制备研究[J]. 清华大学学报（自然科学版）, 2001, 41(4/5): 41-47.

[70]佟鑫. 激光仿生耦合处理铸铁材料的抗疲劳性能研究[D]. 长春:吉林大学, 2009.

[71]YANG S, WANG T, REN W, et al. Micro-texture design criteria for cemented carbide ball-end milling cutters[J]. Journal of Mechanical Science and Technology, 2020, 34 (1): 127-136.

[72]FATIMA A, MATIVENGA P T. A comparative study on cutting performance of rake-flank face structured cutting tool in orthogonal cutting of AISI/SAE 4140[J]. The International Journal of Advanced Manufacturing Technology, 2015, 78(9-12): 2097-2106.

[73]KÜMMEL J, BRAUN D, GIBMEIER J, et al. Study on micro texturing of uncoated cemented carbide cutting tools for wear improvement and built-up edge stabilisation[J]. Journal of Materials Processing Technology, 2015, 215: 62-70.

[74]SUGIHARA T, ENOMOTO T. Improving anti-adhesion in aluminum alloy cutting by micro stripe texture[J]. Precision Engineering, 2012, 36(2): 229-237.

[75]OBIKAWA T, KAMIO A, TAKAOKA H, et al. Micro-texture at the coated tool face for high performance cutting[J]. International Journal of Machine Tools & Manufacture, 2011, 51(12): 966-972.

[76]XIE J, LUO M J, WU K K, et al. Experimental study on cutting temperature and cutting force in dry turning of titanium alloy using a non-coated micro-grooved tool [J]. International Journal of Machine Tools and Manufacture, 2013, 73: 25-36.

[77]YANG S, WANG T, REN W, et al. Micro-texture design criteria for cemented carbide ball-end milling cutters[J]. Journal of Mechanical Science and Technology, 2020, 34 (1): 127-136.

[78]吴泽. 微织构自润滑与振荡热管自冷却双重效用的干切削刀具的研究[D]. 济南:山东大学, 2013.

[79]潘有崇, 曹春宜, 冯洋. 三维微坑织构刀具耐磨损性能研究[J]. 机械设计与制造, 2018(08): 206-211.

[80]CHANG W, SUN J, LUO X, et al. Investigation of microstructured milling tool for deferring tool wear[J]. Wear, 2011, 271(9-10): 2433-2437.

[81]LEI S, DEVARAJAN S, CHANG Z. A study of micropool lubricated cutting tool in machining of mild steel[J]. Journal of materials processing technology, 2009, 209(3): 1612-1620.

[82]LEI S, DEVARAJAN S, CHANG Z. A comparative study on the machining performance of textured cutting tools with lubrication[J]. International Journal of Mechatronics and Manufacturing Systems, 2009, 2(4): 401-413.

[83]SUGIHARA T, ENOMOTO T. Crater and flank wear resistance of cutting tools having micro textured surfaces[J]. Precision Engineering, 2013, 37(4): 888-896.

［84］NIKETH S, SAMUEL G L. Surface texturing for tribology enhancement and its application on drill tool for the sustainable machining of titanium alloy［J］. Journal of cleaner production, 2017, 167: 253-270.

［85］朱佳柏, 杨晓红, 杨澈, 等. 齿轮表面微织构技术应用研究进展［J］. 江苏理工学院学报, 2022(2):28.

［86］明兴祖, 金磊, 肖勇波, 等. 齿轮材料 20CrMnTi 的飞秒激光烧蚀特征［J］. 光子学报, 2020, 49(12): 73.

［87］明兴祖, 金磊, 申警卫, 等. 纳秒激光修正齿轮材料 20CrMnTi 的烧蚀特性［J］. 激光与光电子学进展, 2019, 56(18): 181404.

［88］PETARE A C, MISHRA A, PALANI I A, et al. Study of laser texturing assisted abrasive flow finishing for enhancing surface quality and microgeometry of spur gears［J］. The International Journal of Advanced Manufacturing Technology, 2019, 101: 785-799.

［89］张腾飞. 直齿轮齿面微沟槽电解加工技术研究［D］. 合肥:合肥工业大学, 2019.

［90］李荣荣, 张蕾, 李群. 探析粗糙齿面纹理方向对齿轮弹流润滑的影响［J］. 机械传动, 2013, 37(10): 110-114.

［91］黄尚仁, 黄鹏鹏. 表面粗糙度对弧齿锥齿轮乏油弹流油膜寿命的影响［J］. 机械传动, 2019, 43(11): 111-115.

［92］徐劲力, 余千, 刘伟腾, 等. 基于 CFD 的齿面微凹坑润滑特性研究［J］. 液压与气动, 2020 (3): 76-83.

［93］肖洋轶, 罗静, 石万凯, 等. 表面微织构涂层-基体系统重载弹流润滑性能分析［J］. 表面技术, 2020, 49(7): 159-167.

［94］GRECO A, AJAYI O, ERCK R. Micro-Scale surface texture design for improved scuffing resistance in gear applications［C］//International Design Engineering Technical Conferences and Computers and Information in Engineering Conference, 2011, 54853: 579-584.

［95］GUPTA N, TANDON N, PANDEYR K. An exploration of the performance behaviors of lubricated textured and conventional spur gearsets［J］. Tribology International, 2018, 128: 376-385.

［96］崔有正, 郑敏利, 张洪军, 等. 仿生球形凹坑表面形态对旱地洋葱插秧机高速齿轮动力学特性的影响分析［J］. 现代制造工程, 2020(9): 70-75.

［97］邵飞先. 乏油条件仿生耦合齿轮材料的摩擦磨损行为［D］. 长春:吉林大学, 2015.

［98］吕尤. 汽车齿轮网格形表面形态仿生抗疲劳性能研究［D］. 长春:吉林大学, 2009.

［99］何国旗, 邓澍杰, 何瑛, 等. 齿面凹坑形貌对面齿轮啮合动力学性能影响的仿真分析［J］. 机械传动, 2016, 40(4): 110-116.

［100］韩志武, 吕尤, 牛士超, 等. 仿生表面形态对齿轮弯曲疲劳性能的影响［J］. 吉林大学学报(工学版), 2011, 41(3): 702-705.

［101］CUI Y, WANG F, HU Q, et al. Study on antifatigue crack growth characteristics of ball-end milling bionic surface［J］. Coatings, 2022, 12(3): 327-353.

[102] 马方波，宋鹏云，高杰. 仿生学在机械密封技术中的应用和展望[J]. 化工机械，2011, 38(6): 651-654.

[103] 任露泉，杨卓娟，韩志武. 生物非光滑耐磨表面仿生应用研究展望[J]. 农业机械学报，2005, 36(7): 144-147.

[104] ETSION I, BURSTEIN L. A model for mechanical seals with regular microsurface structure[J]. Tribology Transactions, 1996, 39(3): 677-683.

[105] ETSION I, KLIGERMAN Y, HALPERIN G. Analytical and experimental investigation of laser-textured mechanical seal faces[J]. Tribology Transactions, 1999, 42(3): 511-516.

[106] ETSION I. Improving tribological performance of mechanical components by laser surface texturing[J]. Tribology letters, 2004, 17: 733-737.

[107] 彭旭东，梁世克，白少先，等. 激光加工多孔端面气体密封的临界静压开启特性[J]. 润滑与密封，2010 (3): 1-4.

[108] 陈小兰，曾良才，湛从昌，等. 仿生技术在液压领域中的应用和展望[J]. 液压与气动，2016 (8): 28-31.

[109] 许国玉，赵健英，赵刚，等. 仿生非光滑油缸密封圈的减阻特性研究[J]. 液压与气动，2015 (1): 96-100.

[110] 王臣业. 两栖仿生机器蟹密封技术的研究[D]. 哈尔滨:哈尔滨工程大学，2006.

[111] 汝绍锋. 泥浆泵活塞仿生优化设计及其耐磨密封性能研究[D]. 长春:吉林大学，2015.

[112] 杨卓娟，韩志武，任露泉. 激光处理凹坑形仿生非光滑表面试件的高温摩擦磨损特性研究[J]. 摩擦学学报，2005, 25(4): 374-378.

[113] RONEN A, ETSION I, KLIGERMAN Y. Friction-reducing surface-texturing in reciprocating automotive components [J]. Tribology transactions, 2001, 44(3): 359-366.

[114] KLIGERMAN Y, ETSION I, SHINKARENKO A. Improving tribological performance of piston rings by partial surface texturing[J]. J. Trib. , 2005, 127(3): 632-638.

[115] ETSION I, SHER E. Improving fuel efficiency with laser surface textured piston rings [J]. Tribology International, 2009, 42(4): 542-547.

[116] JOCSAK J, LI Y, TIAN T, et al. Analyzing the effects of three-dimensional cylinder liner surface texture on ring-pack performance with a focus on honing groove cross-hatch angle [C]//Internal Combustion Engine Division Fall Technical Conference, 2005, 47365: 621-632.

[117] CHECO H M, AUSAS R F, JAI M, et al. Moving textures: simulation of a ring sliding on a textured liner[J]. Tribology International, 2014, 72: 131-142.

[118] YOUSFI M, MEZGHANI S, DEMIRCI I, et al. Tribological performances of elliptic and circular texture patterns produced by innovative honing process [J]. Tribology International, 2016, 100: 255-262.

[119]杨洪秀,左文杰,李亦文,等. 活塞表面仿生非光滑微坑贮油润滑机理的任意拉格朗日-欧拉法有限元模拟[J]. 吉林大学学报(工学版),2008,38(3):591-594.

[120]胡勇,屈盛官,李彬,等. 不同表面织构对柴油机缸套-活塞环摩擦磨损性能的影响[J]. 润滑与密封,2013,38(4):57-62.

[121]尹必峰,卢振涛,刘胜吉,等. 缸套表面织构润滑性能理论及试验研究[J]. 机械工程学报,2012,48(21):91-96.

[122]任露泉,孙少明,徐成宇. 鸮翼前缘非光滑形态消声降噪机理[J]. 吉林大学学报(工学版),2008,38:126-131.

[123]罗向阳,权凌霄,关庆生,等. 轴向柱塞泵振动机理的研究现状及发展趋势[J]. 流体机械,2015,43(8):41-47.

[124]GU C, MENG X, XIE Y, et al. Performance of surface texturing during start-up under starved and mixed lubrication[J]. Journal of Tribology, 2017, 139(1): 01172.

[125]GU C, MENG X, XIE Y, et al. Effects of surface texturing on ring/liner friction under starved lubrication[J]. Tribology international, 2016, 94: 591-605.

[126]KOSZELA W, PAWLUS P, REIZER R, et al. The combined effect of surface texturing and DLC coating on the functional properties of internal combustion engines [J]. Tribology International, 2018, 127: 470-477.

[127]CACIU C, DECENCIÈRE E, JEULIN D. Parametric optimization of periodic textured surfaces for friction reduction in combustion engines[J]. Tribology transactions, 2008, 51(4): 533-541.

[128]MEZGHANI S, DEMIRCI I, ZAHOUANI H, et al. The effect of groove texture patterns on piston-ring pack friction[J]. Precision Engineering, 2012, 36(2): 210-217.

[129]CASTLEMAN JR R A. A hydrodynamical theory of piston ring lubrication[J]. Physics, 1936, 7(9): 364-367.

[130]SADEGHI F, WANG C P. Advanced natural gas reciprocating engine: parasitic loss control through surface modification[R]. West Lafayette: Purdue Univ., 2008.

[131]李树林,殷建祥. 气缸套内表面激光造型珩磨加工[J]. 内燃机配件,2008(06):10-13.

[132]高大树. 活塞组件低摩擦热化处理技术润滑减磨机理及应用研究[D]. 镇江:江苏大学,2018.

[133]吴波,丛茜,熙鹏. 带有仿生凹槽结构的活塞裙部优化设计[J]. 机械设计与制造,2015(6):34-37.

[134]夏禹,孙韶,汪博文,等. 缸套表面环槽织构润滑性能数值分析[J]. 机械设计与制造,2017:59-62.

[135]苗嘉智,郭智威,袁成清. 表面织构对内燃机缸套-活塞环系统摩擦性能的影响[J]. 摩擦学学报,2017,37(4):465-471.

[136]符永宏,陆华才,华希俊,等. 激光微珩磨缸套润滑耐磨性能理论分析[J]. 内燃机学报,2006,24(6):559-564.

[137] 占剑, 杨明江. YAG 激光微坑刻蚀分布对缸套-活塞环摩擦磨损性能影响[J]. 内燃机学报, 2011, 29(1): 84-89.

[138] HENRY Y, BOUYER J, FILLON M. An experimental analysis of the hydrodynamic contribution of textured thrust bearings during steady-state operation: A comparison with the untextured parallel surface configuration [J]. Proceedings of the Institution of Mechanical Engineers, Part J: Journal of Engineering Tribology, 2015, 229 (4): 362-375.

[139] 邢国玺. 圆锥滚子轴承织构化内圈大档边油膜润滑特性分析[D]. 洛阳:河南科技大学, 2014.

[140] MENG F, CHENG Z, ZOU T. Numerical and experimental investigation on influence of compound dimple on tribological performances for rough parallel surfaces[J]. Industrial Lubrication and Tribology, 2017, 69(4): 433-446.

[141] MENG F, YU H, GUI C, et al. Experimental study of compound texture effect on acoustic performance for lubricated textured surfaces[J]. Tribology International, 2019, 133: 47-54.

[142] ZHANG H, HUA M, DONG G, et al. Optimization of texture shape based on genetic algorithm under unidirectional sliding[J]. Tribology International, 2017, 115: 222-232.

[143] ZHANG H, LIU Y, HUA M, et al. An optimization research on the coverage of micro-textures arranged on bearing sliders[J]. Tribology International, 2018, 128: 231-239.

[144] 李建鸿, 樊文欣, 王跃, 等. 凹槽型织构化径向轴承的润滑性能[J]. 润滑与密封, 2016, 41(5): 82-85.

[145] 张瑾, 王小静, 董健, 等. 表面织构对可倾瓦推力轴承动特性影响试验研究[J]. 工业控制计算机, 2017, 30(7): 60-61.

[146] 张扬, 陈淑江. 微织构对三油楔滑动轴承动静特性的影响[J]. 制造技术与机床, 2022 (2): 125-130.

[147] 董艇舰, 李建强, 杨帆, 等. 不对中径向滑动轴承微凹槽织构数值分析[J]. 润滑与密封, 2022, 47(7): 1-9.

[148] TALA-IGHIL N, MASPEYROT P, FILLON M, et al. Effects of surface texture on journal-bearing characteristics under steady-state operating conditions[J]. Proceedings of the Institution of Mechanical Engineers, Part J: Journal of Engineering Tribology, 2007, 221(6): 623-633.

[149] KANGO S, SINGH D, SHARMA R K. Numerical investigation on the influence of surface texture on the performance of hydrodynamic journal bearing [J]. Meccanica, 2012, 47: 469-482.

[150] RAO T, RANI A M A, NAGARAJAN T, et al. Analysis of couple stress fluid lubricated partially textured slip slider and journal bearing using narrow groove theory[J]. Tribology International, 2014, 69: 1-9.

[151] 雷渡民, 王素华. 表面织构对滑动轴承混合润滑特性的影响[J]. 轴承, 2013 (2):

36-39.

[152]尹明虎,陈国定,高当成,等. 3种微织构对径向滑动轴承性能的影响[J]. 哈尔滨工业大学学报, 2016, 48(1):159-164.

[153]杨华蕊. 表面织构及气油两相流对滑动轴承性能的影响研究[D]. 北京:北京理工大学, 2014.

[154]韩静. 宏微观表面纹理的润滑及摩擦性能研究[D]. 徐州:中国矿业大学, 2013.

[155]江鸳鸯,马方波,刘盼,等. 滑动面微观球面纹理对滑动轴承性能的影响[J]. 华东理工大学学报(自然科学版), 2014, 40(4):539-544.

[156]王霄,张广海,陈卫,等. 不同微细造型几何形貌对润滑性能影响的数值模拟[J]. 润滑与密封, 2007, 32(8):66-68.

[157]许洪山. 滚动轴承摩擦副微织构表面摩擦学技术及性能研究[D]. 镇江:江苏大学, 2018.

[158]王丽丽,何梦雪,张伟,等. 表面微织构椭圆轴承的热效应分析[J]. 表面技术, 2022, 51(8):291-297.

[159]张东亚,张辉,秦立果,等. 表面织构对巴氏合金轴承材料摩擦学性能影响[J]. 华中科技大学学报(自然科学版), 2014(12):30-34.

[160]JI J, FU Y, BI Q. Influence of geometric shapes on the hydrodynamic lubrication of a partially textured slider with micro-grooves [J]. Journal of Tribology, 2014, 136(4):041702.

[161]林起崟,魏正英,王宁,等. 织构滑移表面对滑块轴承摩擦学性能的影响[J]. 华南理工大学学报(自然科学版), 2013(3):101-107.

[162]SHI X, WANG L, QIN F. Relative fatigue life prediction of high-speed and heavy-load ball bearing based on surface texture[J]. Tribology International, 2016, 101:364-374.

[163]YANG J, XIONG Y, LIU Y, et al. A comparison of hydrodynamic effect of four textures on thrust bearing[J]. International Journal of Nanomanufacturing, 2016, 12(1):64-70.

[164]孙建国. 滑动轴承摩擦副微织构表面自润滑技术及性能研究[D]. 镇江:江苏大学, 2016.

[165]蒋嘉兴. 汽车消声半壳模具表面摩擦学行为调控及工程应用研究[D]. 镇江:江苏大学, 2021.

[166]FRANZEN V, WITULSKI J, BROSIUS A, et al. Textured surfaces for deep drawing tools by rolling[J]. International Journal of Machine Tools and Manufacture, 2010, 50(11):969-976.

[167]朱明哲. 金属波纹管滚压模具表面激光复合织构技术研究[D]. 镇江:江苏大学, 2022.

[168]GEIGER M, POPP U, ENGEL U. Excimer laser micro texturing of cold forging tool surfaces-influence on tool life[J]. CIRP Annals, 2002, 51(1):231-234.

[169]刘建芳. 激光织构化齿轮精锻模具成形性能数值模拟及试验研究[D]. 镇江:江苏大学, 2020.

［170］刘晓杰，金康宁，单斌，等. 织构化冲压模具的应力数值模拟分析［J］. 表面技术，2019，48(8)：9-15.

［171］MENEZES P L, KISHOR E, KAILAS S V. Influence of die surface textures during metal forming—a study using experiments and simulation［J］. Materials and Manufacturing Processes, 2010, 25(9)：1030-1039.

［172］HAZRATI J, STEIN P, KRAMER P, et al. Tool texturing for deep drawing applications［C］//IOP Conference Series：Materials Science and Engineering. IOP Publishing, 2018, 418(1)：12-95.

［173］CHEN P, LIU X, HUANG M, et al. Numerical simulation and experimental study on tribological properties of stamping die with triangular texture［J］. Tribology International, 2019, 132：244-252.

［174］MORI K, ABE Y, KATO S, et al. Prevention of seizure in extrusion of aluminium alloy billet by dies having textured surface［J］. International Journal of Lightweight Materials and Manufacture, 2019, 2(3)：206-211.

［175］张航成. 激光复合织构焊管轧辊成形性能的数值模拟与试验研究［D］. 镇江：江苏大学，2017.

［176］符永宏，周颖鸿，符昊，等. 激光复合织构焊管轧辊模具成形有限元模拟与试验研究［J］. 表面技术，2018，47(8)：121-128.

［177］NURUL M A, SYAHRULLAIL S. Surface texturing and alternative lubricant：tribological study of tapered die sliding contact surface in cold extrusion process［J］. Tribology Transactions, 2017, 60(1)：176-186.

［178］赵仲林. 钛合金 TC4 铣削加工仿真与实验研究［D］. 唐山：华北理工大学，2022.

［179］赵敏. 超硬刀具高速切削钛合金的性能研究［D］. 大连：大连理工大学，2022.

［180］曾煜. 激光微沟槽织构 PCBN 刀具干切钛合金性能研究［D］. 长春：长春大学，2021.

［181］WANG F, XU F. Analysis and research of simulated annealing algorithm and parameters［C］// Frontier Computing：Theory, Technologies and Applications（FC 2019）8. Springer Singapore, 2020：1017-1026.

［182］邓大松. 沟槽参数对表面微织构麻花钻钻削性能的影响研究［D］. 苏州：苏州大学，2017.

［183］OBIKAWA T, KAMIO A, TAKAOKA H, et al. Micro-texture at the coated tool face for high performance cutting［J］. International Journal of Machine Tools & Manufacture, 2011, 51(12)：966-972.

［184］邓建新，孟莹，张志慧，等. 织构化表面涂层的研究进展［J］. 航空制造技术，2022，65(7)：23-35.

［185］程锐. 微量润滑条件下微织构刀具车削钛合金的表面完整性研究［D］. 济南：山东大学，2019.

［186］廖晓文，赖香功. 金属热处理工艺对齿轮材料性能的影响［J］. 世界有色属，2019

（21）:159-160.

［187］陈勇，臧立彬，巨东英，等. 高强度汽车齿轮表面强化技术的研究现状和发展趋势
　　　［J］. 中国表面工程，2017,30(1):1-15.

［188］孟超. 材料形状耦元热循环温度对热作模具热疲劳性能的影响［D］. 吉林:吉林大
　　　学，2014.

［189］付梦. 机械齿轮材料选择及设计优化［J］. 内燃机与配件，2021(7):30-31.

［190］金凤. 渐开线圆柱齿轮磨损仿真系统研究［D］. 延边:延边大学，2013.

［191］范朝军. 柴油发动机正时齿轮传动磨损行为研究［D］. 赣州:江西理工大学，2019.

［192］李道峰. 机车驱动齿轮内部动态激励的影响分析［D］. 成都:西南交通大学，2011.